高职高专国家示范性院校"十三五"规划教材

ABB智能技术工程中心系列教材(一)

智能化电器及应用

主　编　王石磊

副主编　董玲娇　吴必妙

西安电子科技大学出版社

内 容 简 介

本书是校企合作联合开发的智能配电实训系统配套教材。

本书共 5 章，从培养智能配电技能型应用人才的角度出发，介绍了变频器、软启动器、多功能电力仪表、电动机综合保护装置等智能化电器及其典型应用，最后基于 HT 600 搭建融入多种低压电器的智能配电系统。

本书具有实用性和先进性特点，可作为高职高专院校电气类、自动化类相关专业的理论与实训教材，也可供智能电器应用人员参考。

图书在版编目（CIP）数据

智能化电器及应用/王石磊主编. —西安：西安电子科技大学出版社，2019.3
ISBN 978-7-5606-5226-9

Ⅰ. ① 智…　Ⅱ. ① 王…　Ⅲ. ① 智能控制—日用电气器具　Ⅳ. ① TM925

中国版本图书馆 CIP 数据核字（2019）第 025450 号

策划编辑　高　樱
责任编辑　祝婷婷　雷鸿俊
出版发行　西安电子科技大学出版社（西安市太白南路 2 号）
电　　话　(029)88242885　88201467　　　邮　编　710071
网　　址　www. xduph. com　　　　　电子邮箱　xdupfxb001@163. com
经　　销　新华书店
印刷单位　陕西天意印务有限责任公司
版　　次　2019 年 3 月第 1 版　2019 年 3 月第 1 次印刷
开　　本　787 毫米×1092 毫米　1/16　印张　14
字　　数　338 千字
印　　数　1～3000 册
定　　价　30.00 元

ISBN 978-7-5606-5226-9/TM

XDUP 5528001-1

前　言

　　"智能化电器及应用"课程是电机与电器技术、电气自动化技术、智能控制技术等专业的一门实践性很强的技术应用型课程。电器智能化是传统电器学科、微机控制技术、电力电子技术、数字通信及网络技术等多学科门类交叉和融合的结果，是电器学科的一个新的发展领域。计算机网络技术和现场总线技术的发展和应用，使具有通信功能的智能化、高性能、新型低压电器元件成为电气技术的发展方向，低压配电系统网络化是发展的趋势。将智能化电器和总线技术结合，对实现低压配电系统的网络化意义重大。

　　本书编写的目的是让学生在学习变频器、软启动器、多功能电力仪表等应用技术后，能充分利用 ABB 的 HT 600 控制系统快速组建智能配电系统，完成硬件、程序及画面组态；通过将多种智能化技术综合应用于各种电气化设备中，让学生具备较好的智能化电器的应用能力。

　　本书在编写过程中，充分考虑了高职高专的专业课程理实一体化教学的情况，也考虑了目前高职高专学生的知识水平和能力的整体现状，在内容阐述上力求简明扼要、层次清楚、图文并茂、通俗易懂；在结构编排上，循序渐进、由浅入深；强调实践性，内容的实用性和可操作性强。本书按照管用、适用、够用的原则选择内容，体现电器智能化领域的新理念、新技术和新方法，将重点放在目前低压配电领域几种广泛使用的电器产品上，在理论内容安排上避免内容广而全，注重培养学生解决实际问题的能力。

　　本书第 1 章主要介绍了低压电器、智能电器、低压配电系统的概念和基本结构，以及智能低压电器的现状与发展趋势；第 2 章主要介绍了变频器的基本结构和基本应用，也介绍了 PLC 与变频器通信的方法；第 3 章主要介绍了软启动器的结构、原理、控制和保护功能，同时介绍了一款国内常见的智能型软启动器；第 4 章介绍了 HT 600 控制系统，主要涉及过程站组态、操作员站组态等内容；第 5 章将变频器、多功能电力仪表等智能化电器基于 HT 600 进行组态，通过 Modbus-RTU 网络搭建了一个比较完整的低压智能配电系统。

　　本书是校企合作教材，由学校老师和企业技术人员共同完成。温州职业技术学院王石磊任主编并负责统稿，温州职业技术学院董玲娇和 ABB 公司吴必妙担任副主编。本书在编写过程中得到了 ABB 公司王增德、王宗邦的帮助，还得到了温州展杭自动化科技有限公司的大力支持，在此一并表示衷心的感谢。

由于编者的水平有限，书中不妥之处在所难免，恳请读者批评指正。

编　者

2018 年 12 月

目　录

第 1 章　智能电器基础

1.1　引　　言

电器是指用于控制电路或实现电能转换及检测电参数的硬件设备或装置。凡是对电能的产生、输送和应用起控制、保护、检测、变换与切换及调节作用的电气器具,统称为电器。

在国家标准 GB 14048.1—2012 中,明确指出了低压开关电器(简称低压电器)的适用范围和目的。用于交流额定电压 1000 V(专门用于矿井下的电器,电压可至 1140 V)及以下或直流额定电压 1500 V 及以下电路中,起通断、保护、控制及调节作用的电器称为低压电器;反之,称为高压电器。

无论是低压还是高压电器,其涉及的理论主要包括电接触理论、电弧理论、电磁机构理论、发热和电动力理论等。

所谓"智能化",是指由网络技术、通信技术、智能控制技术等集成的针对某一个方面的应用。从多数智能电器元件和电器硬件结构来看,可以简单地把"电器＋微机控制"称为智能电器。目前对智能电器没有一个明确的定义,但是智能电器一定具有双向通信、自适应、自保护、过程控制、优化等功能。随着微电子技术、数字通信技术等的快速发展,智能电器在工业生产各个领域的应用也越来越广泛。

1.1.1　电器的分类

1. 按照电器的用途分

1)电力系统用电器

通过各级电压的电力线路,将发电厂、变配电所和电力用户连接起来的一个由发电、输电、变电、配电及用电构成的整体,称为电力系统。在电力系统中,常用的电器有高压断路器、低压断路器、高压隔离开关、高压熔断器、低压熔断器、避雷器等。对这类电器要求通断能力强、限流效应好、电动稳定性和热稳定性高、操作过电压低以及保护性能完善等。

2)电力拖动自动控制系统用电器

在电力拖动自动控制系统中,需要对电动机进行各种控制,常用的电器有接触器、继电器、行程开关等。对这类电器要求具有一定的通断能力、操作频率高、电气和机械寿命长等。

3)自动化通信用弱电电器

在自动化通信、电子等弱电电路中,常用的微型继电器、舌簧管、磁性或晶体管逻辑元件等则要求动作快、灵敏度高、抗干扰能力强、特性误差小、寿命长和工作可靠。

2. 按照电压高低、结构和工艺特点分

1）高压电器

高压电器为额定电压 3 kV 及以上的电器，包括高压熔断器、高压断路器、隔离开关、负荷开关、电压互感器、电流互感器等。

2）低压电器

低压电器用于连接额定电压交流不超过 1000 V 或者直流不超过 1500 V 的电路。在电力系统的发电、输变电、配电和用电的各个环节中，大量使用对电路起到分配、控制、保护、调节和测量作用的低压电器。

3）自动电磁元件

自动电磁元件包括阀用电磁铁、微型继电器、传感器、磁性逻辑元件和电磁离合器等。

4）成套电器和自动化成套装置

成套电器和自动化成套装置包括高压开关柜、低压开关柜、电力用自动化继电保护屏、可编程序控制器等。

按照工作职能来分类，低压电器可分为低压配电电器和低压控制电器。低压配电电器是用于供、配电系统中进行电能输送和分配的电器，包括低压熔断器、刀开关、转换开关和低压断路器等；低压控制电器是用于各种控制电路和控制系统的电器，包括接触器、启动器、控制继电器、凸轮控制器、主令电器、变阻器、电磁铁、信号灯等。

按照用途来分类，高压电器可以分为开关电器、限制电器、变换电器和组合电器。开关电器包括高压断路器、高压隔离开关、高压熔断器、高压负荷开关、接地开关等；限制电器包括避雷器、电抗器等；变换电器主要有电流互感器和电压互感器；组合电器分为简易和成套两大类，常见组合电器有金属外壳式高压成套组合电器（高压开关柜）和全封闭式六氟化硫高压成套组合电器。

1.1.2　电器智能化与智能电器

电器智能化包含了智能电器的内容，但它绝对不等同于智能电器。智能电器是指智能化了的开关电器元件或成套开关设备，是一种具体的有形的产品；而电器智能化是一种理念，一种方法，也是一种发展和进步过程，是以智能电器这种有形产品为基础建立的相关学科知识和应用技术的系统集成。

以电动机控制中心（MCC）为例，20 世纪 90 年代以后已经实现了智能化监控、保护和信息化网络功能。MCC 主要包括智能化开关设备、监控装置、计算机和 PLC、网络器件等。监控装置在网络系统中起到参数测量、显示及相关保护功能。智能电机保护器、智能断路器及智能接触器等是 MCC 实现智能化的主要电器元件。

智能断路器（塑壳式）在传统塑壳断路器基础上加装了智能控制器及相关附件，性能得到显著提高，不仅能做到电流三段、断相、过电压、欠电压、不平衡、接地保护等，还可以方便显示电流、电压、功率等参数，使断路器更容易用于低压供配电信息化网络。同时，智能断路器还可以反映负载电流的真实有效值，从而避免断路器在高次谐波的作用下发生误动作。

智能电磁式交流接触器和智能断路器类似，也可由传统接触器、智能控制器、报警显示单元、通信接口等组成。它除了可实现分合电路和失压欠压保护等之外，也具备数据采集、控制、通信、故障保护、自诊断等功能，可实现交流接触器运行状态的在线监测、控制。

智能型电动机保护器具有过载、断相、不平衡、欠载、接地/漏电、堵转等保护功能，也具有传统热继电器不具备的控制、测量(电流、电压、功率、功率因数、电能、频率、电流不平衡率、漏电流值等)、故障记录、通信、数显功能等。

低压电器种类繁多，它作为基本元器件已经广泛用在电厂、电网、工矿企业、农林牧副渔业、交通运输、国防军事等电力输配电系统、电力传动和自动控制系统中。

智能低压电器是在传统低压电器的物理结构上加以改造的，增加了智能控制器(或称监控装置)和外围器件，实现了低压电器的数字化、信息化、网络化。目前已经大量生产和应用的智能低压电器主要包括智能断路器、智能交流接触器、智能软启动器、智能继电器、智能双电源自动转换开关、智能补偿电容器和智能开关柜等。

1.2　低压电器的基本结构

从结构上来看，电器一般都具有两个基本组成部分，即感测部分和执行部分。自控电器的感测部分大多由电磁机构组成，手动电器的感测部分常常是电器的操作手柄。执行部分根据控制指令，执行接通或者断开电路的任务。

感测部分接受外界输入信号，并通过转换、放大、判断，做出有规律的反应，然后使得执行部分动作，输出相应的指令，达到控制的目的。在传统的有触点电磁式电器中，感测部分大多为电磁机构，非电磁式电器的感测部分因其工作原理不同而各有差异。无论是电磁式还是非电磁式电器，其执行部分大多是触头系统。低压电器触头系统的工作好坏是影响开关电器质量特性的重要指标。另外，连接感测和执行两部分的叫传动机构，这三者构成了典型的电器结构。

低压电器种类繁多，结构各异，功能多样，用途广泛。电磁式电器是常见的低压电器，从其基本结构上看，大部分由电磁机构、触头系统和灭弧装置三个部分组成。

1.2.1　电磁机构的结构形式

低压电器的电磁机构由线圈、铁芯和衔铁三部分组成，线圈可以分为直流线圈和交流线圈两类。直流线圈需要通入直流电，交流线圈需要通入交流电。

当线圈中有工作电流通过时，通电线圈产生磁场及吸力，通过气隙转换成机械能，带动衔铁运动，使得衔铁和铁芯闭合，由连接机构带动相应的触头动作，使电路接通或者断开，从而达到自动控制的目的。图 1-1 是常用电磁机构的结构形式，按照衔铁的运动形式，可以分为拍合式和直动式两类。其中，图 1-1(a)所示为衔铁沿棱角转动拍合式电磁机构，主要用于直流电器中；图 1-1(b)所示为衔铁沿轴转动拍合式电磁机构，主要用于触点容量大的交流电器中；图 1-1(c)所示为直动式电磁机构，多用于中小容量的交流电器中。

由于交流电磁线圈的电流和气隙 δ 成正比，在线圈通电瞬间衔铁未闭合时，电流可能达到额定电流的 5~6 倍，因此在频繁操作或者可靠性要求高的场合一般不用交流电磁机构。在直流电磁机构中，电磁吸力和气隙 δ^2 成反比，由于电磁线圈中是直流电流，故直流电磁机构适用于频繁操作。

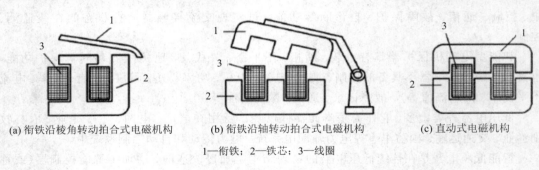

(a) 衔铁沿棱角转动拍合式电磁机构　　(b) 衔铁沿轴转动拍合式电磁机构　　(c) 直动式电磁机构

1—衔铁；2—铁芯；3—线圈

图 1-1　常用电磁机构的结构形式

1.2.2　触头系统

触头也可以称为触点或者接点，它用于接通或者断开电路。

按其接触形式，触头可分为点接触、线接触和面接触三种，如图 1-2 所示。点接触允许通过的电流比较小，可用于继电器触头或者接触器的辅助触头。线接触和面接触允许通过的电流比较大，常常用在大电流场合，例如接触器的主触头、刀开关等。低压电器的触头有双断点桥式触头（辅助触头）和单断点指形触头（多用于接触器的主触点），如图 1-3 所示。

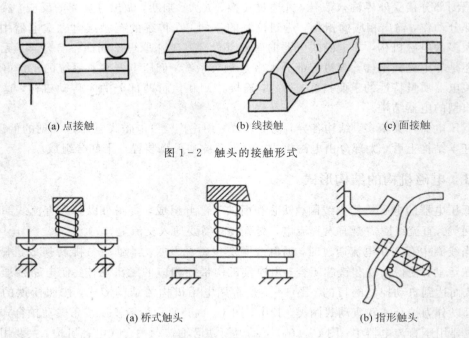

(a) 点接触　　　　　　　(b) 线接触　　　　　　　(c) 面接触

图 1-2　触头的接触形式

(a) 桥式触头　　　　　　　　　　(b) 指形触头

图 1-3　触头的结构形式

按照其控制的电路，触头可分为主触头和辅助触头。以常见的低压交流接触器为例，其主触头允许通过较大的电流，因此用于接通和分断主电路，通常为三对常开触头。辅助触头用于接通或者断开控制电路，起电气联锁作用，故又称联锁触头，有常开、常闭辅助触头，数量按照产品型号的不同有差异。接触器中的常开和常闭触头是联动的，当线圈通电时，所有的常闭触头先行分断，然后所有的常开触头跟着闭合；当线圈断电时，在反力弹簧的作用下，所有触头都恢复原来的平常状态。接触器的触头通常有两种形式，即双断点和单断点。

1.2.3　灭弧装置

对于有触点的电器而言，电弧是开断过程中伴随着的一种物理现象。触头刚分离时，触头间间隙很小，电场强度非常大，阴极触头表面的自由电子在强电场力的作用下，被拉出金属表面，强电场发射电子。同时，触头刚分离时，触头间的接触压力和接触面减小、接触电阻增大，使接触表面剧烈发热，局部高温，使此处电子获得动能发射出来，这些自由电子存在于触头间隙间，在触头间电场的作用下加速运动，撞击间隙中的中性气体质点（原子或分子），使中性质点游离，产生自由电子和正离子（这种游离过程称为碰撞游离）。碰撞游离不断进行、不断加剧，大量带电质点充满间隙，让气体导电从而形成电弧。

电弧实际上就是一种游离的气体放电现象。它有三个特点：一是电弧中有大量的电子、离子，因而是导电的，尽管触头已经分断，但是电路还在继续导通，直到电弧熄灭后，电路才会真正地分断。二是电弧的温度很高，弧心温度高达 10 000℃，表面温度也有 4000℃左右，这么高的温度会烧坏触头或设备。三是电弧是一种不依赖外界电离条件，仅有外施电压作用即可维持的气体放电现象，也称为自持放电现象。

电弧可以分为直流电弧和交流电弧。交流电弧有自然过零点，电弧的临界长度（依靠拉长电弧使之恰好熄灭的长度）比开断相同电流时直流电弧的临界长度小，因此开断交流电弧比开断同等容量的直流电弧容易。

常见的灭弧方法有多断口灭弧、增大气体介质压力灭弧、拉长电弧灭弧、金属栅片灭弧、固体产气灭弧、石英砂灭弧、流体介质灭弧、真空灭弧室灭弧等。

金属栅片灭弧见图 1-4。灭弧栅片采用金属栅片时，电弧被导电的金属分割成一系列的短弧。图 1-4(b)中在金属栅片外包裹着灭弧罩，灭弧罩一般采用陶土和石棉水泥制成，它的作用是让电弧与固体介质相接触，降低电弧温度从而加速电弧熄灭。

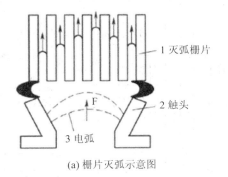

(a) 栅片灭弧示意图　　　　　　　　(b) DZ47小型断路器中的金属栅片

图 1-4　金属栅片灭弧

如图 1-5 所示，拉长电弧灭弧是指触头在一个磁场中分断的时候，电弧在磁场中受到电动力的作用而被拉长熄灭的灭弧方式。

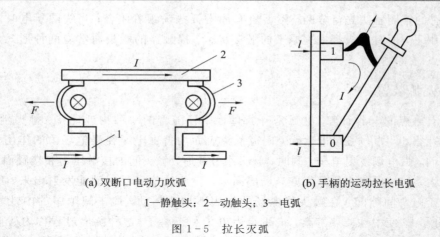

(a) 双断口电动力吹弧   (b) 手柄的运动拉长电弧

1—静触头；2—动触头；3—电弧

图 1-5 拉长灭弧

1.3 智能电器的内部结构

    智能电器包含智能电器元件和智能开关设备（成套设备）两大类。从工作原理上看，这两类智能电器监控器（智能控制器）的结构基本相同，如图 1-6 所示，都是由输入、中央处理单元、输出、通信、人机交互和电源这六大模块组成的，但是无论在实现的主要功能还是实际物理结构上，二者仍然存在某些差别。

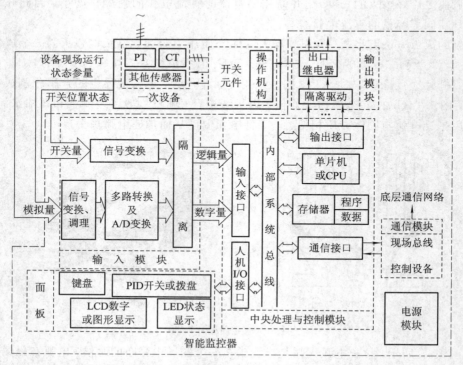

图 1-6 典型的智能电器结构

    输入模块主要包括采样、信号变换、A/D 变换等，用于将现场的参数模拟量转换为数字量，便于上位机处理。

中央处理单元是运算和控制中心，以单片机或者 CPU 为核心进行数字处理，完成各种运算和协调系统内部各部分的工作等，如发出断路器合分闸指令等。

输出模块即执行通道，由隔离驱动、出口继电器等构成。中央处理单元发出的操作控制信号经过输出模块隔离驱动后传送到操作机构，使其按照指定方式进行处理。

从物理结构上看，智能电器元件的监控器常与被监控单个开关电器集成为一个整体。智能开关设备包含由一次设备中的全部电器元件和一个物理结构上相对独立的智能监控器。

从智能监控器结构上看，两种监控器的结构基本相同。一般而言，智能电器元件监控器比较简单，智能开关设备的监控器比较复杂。如表 1-1 所示，在输入、输出端口通道配置及监测模块设置等方面两者有较大的区别。

表 1-1　智能电器元件和智能开关设备的监控器区别

比较项目	智能电器元件	智能开关设备
输入信号来源及通道数量	主要是开关元件自身的各种运行状态、参数和特性，数量少	受其控制和保护的对象，数量多
输出通道的结构设置	取决于开关操动机构及其智能操作方式，多为数字量输出	多为开关量输出，结构简单，通道数量一般较多
人机对话模块	通常是可选项	必选项，实现开关设备中全部测量、保护特性和参数设定、功能的投退等
通信模块	按需配置，例如智能化的低压中小型塑壳断路器中大多无需配置	必须配置
中央处理单元	完成元件运行状态和参数的检测和处理，不同电器元件功能差异大	实现传统成套开关设备二次设备中全部测量、保护和控制，结构复杂

近年来，智能电器元件和智能开关设备二者的功能已经逐渐相同。如智能低压配电电器，其监控器基本具备了开关设备监控器的全部功能，可以直接安装在开关柜的面板上，完成各种监测、操作、保护、控制和通信功能。

总结上述内容，智能电器有几个特点：现场参量处理数字化、电器元件的多功能化与智能操作、电器设备的网络化、保护功能多样、可实现真正分布式管理与控制等。智能电器具有的这些功能和特点，一方面可在同一电器设备上实现多种功能，另一方面使电器实现与上位机双向通信，构成智能化的监控、保护和信息化网络。智能电器的可通信技术、网络化技术包括普通串口通信技术、现场总线技术和以太网技术等。

1.4　智能低压配电系统

电力系统是指由发电厂、变电所、输配电线路和电力用户有机连接起来的整体，如图

1-7 所示。电网是电力系统的一部分，它包括变电所、配电所及各种电压等级的电力线路，是联系发电和用电设施及设备的统称，属于输送和分配电能的中间环节。

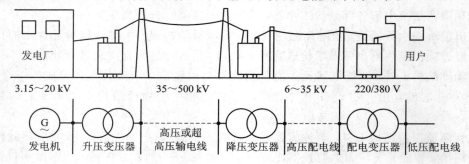

图 1-7　电力系统示意图

电网按照其功能的不同可以分为输电网和配电网。输电网的电压等级一般在 110 kV 以上，是输送电能的通道；配电网的电压等级一般在 110 kV 及以下，是分配电能的通道。按供电范围的大小和电压等级的高低，电网可分为地方电网、区域电网和超高压输电网三种类型。一般地方电网的电压不超过 35 kV，区域电网的电压为 110～220 kV，电压为 330 kV 及以上的是超高压输电网。我国配电系统的电压等级，根据国家电网（Q/GDW 156-2006）《城市电网规划设计导则》的规定，35 kV、63 kV、110 kV 为高压配电系统，10 kV、20 kV 为中压配电系统，380/220 V 为低压配电系统。

一般而言，把电力系统中 10 kV 降至 380/220 V 的降压变电所出口到用户端这一段的系统称为低压配电系统。相比传统型配电系统，智能配电系统具有数字化、多功能化和网络化的优势。智能低压配电系统是用通信网络把众多带有通信接口的低压配电和控制设备与主计算机连接起来，由计算机进行智能化管理，来实现集中数据处理、集中监控、集中分析及集中调度的低压配电系统。智能低压电器是智能低压配电系统的重要组成部分。

图 1-8 是 ABB 公司推出的面向高校的智能低压配电系统总体架构。它包括一套公共配电系统和 N 套教学岛智能配电系统，系统涵盖智能塑壳断路器、智能接触器、马达管理中心、变频器、软启动器、漏电检测系统等元器件，具备多种电气保护功能。单套教学岛和智能配电设备之间采用总线通信，通信协议为 Modbus-RTU/Profibus-DP，可以在该平台上实现断路器分合闸、电动机的启停和故障状态显示、运行状态显示等功能。

整个智能配电系统在结构上分为三层构架。

第一层为管理层，负责现场所有试验数据的实时显示和存储，管理层设置了两种权限：工程师级权限，向老师开放，可以查看学生子系统的所有数据；学生权限，仅包含学生子系统数据。

第二层为控制层，负责处理相关数据的传输以及数据格式转化，同时控制断路器分/合闸以及驱动电机。

第三层为设备层，包含智能塑壳断路器、智能接触器、马达管理中心、变频器、软启动器、弧光检测、漏电检测等元器件。该层为学生直接操作的对象，为该系统核心器件，所有智能设备均需带 Modbus-RTU/Profibus-DP 通信接口，以实现对电动机的监控。

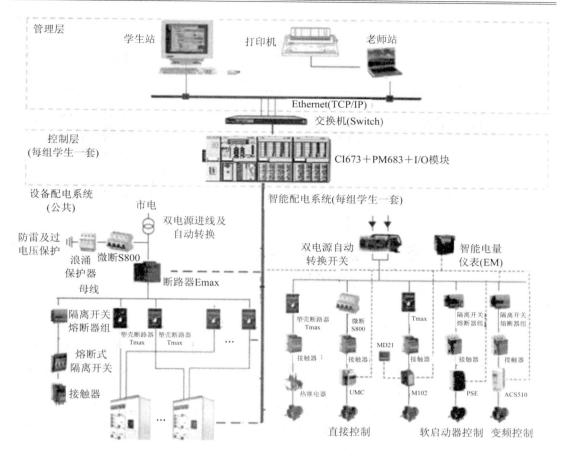

图 1-8　ABB 智能低压配电系统总体架构

图 1-9 是该系统教学岛之间的以太网构架，图 1-10 是 ABB 智能配电系统的通信构架。

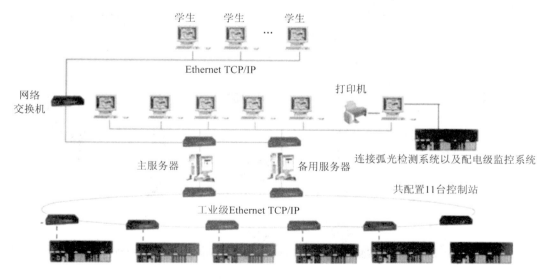

图 1-9　教学岛之间的以太网构架

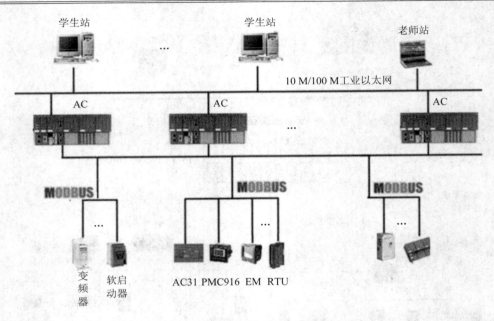

图 1 - 10　ABB 智能配电系统的通信构架

系统管理层包含八台学员站以及一台老师站，各个站点间采用以太网通信，并连成环网，形成环网冗余。各个学生站与现场设备采用 Modbus - RTU 通信，采集现场设备状态以及控制现场设备。数据由现场设备采集并转化为标准 Modbus - RTU 协议输送至通信处理器，通信处理器将协议转化为 Ethernet TCP/IP 输送至管理层，管理层站根据权限读取数据。

图 1 - 11 是该系统对应的教学岛系统构架。教学岛是学生直接操作的对象，系统配置了

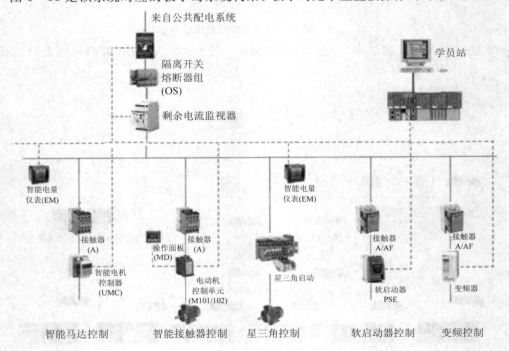

图 1 - 11　学生系统构架

五种电机的驱动方式，配合管理层数据处理，让学生能实时、动态地了解各种驱动方式下电流、电压等的比较。主要的设备均带 Modbus - RTU 通信接口，用于连接控制层的数据通信。

该智能低压配电系统可实现数据的实时采集、数字通信、远程操作与程序控制、保护定值管理、事件记录与告警、故障分析、各类报表及设备维护信息管理等功能。针对低压电气系统直接面向控制终端，设备多、分布广，现场条件复杂，系统本身及设备频繁操作、有强电磁及谐波干扰等特点，系统能实现面向对象的操作模式，主要控制功能由设备层智能型元器件完成，满足系统运行的实时、快速及可靠性的要求。系统中的低压智能电器就其功能而言总体上可分为电参数测量、开关控制及电动机控制、设备保护等，同时系统带 Modbus - RTU/Profibus - DP 通信功能，满足了低压智能电器设备运行管理的需要及实际企业过程控制的要求。

1.5　智能低压电器的现状与发展趋势

1.5.1　国外智能低压电器的发展

国外低压电器先进制造商从 20 世纪末到 21 世纪初相继推出了新一代低压电器系统产品。这批产品以新技术、新材料、新工艺为支撑，无论在产品性能、结构、小型化、特性、功能等方面都有重大突破。

新一代智能低压电器具有高性能、多功能、小体积、高可靠、绿色环保、节能与节材、通信等显著特点，其中新一代智能万能式断路器、塑壳断路器、带选择性保护断路器、智能型软启动器、智能型变频器、智能接触器、弧光检测系统、漏电检测系统为低压配电系统实现全范围包括终端配电系统、全电流选择性保护提供了基础，对提高低压配电系统供电可靠性具有重大意义。多种开放式现场总线双向通信，实现低压配电系统的通信和网络化，将低压电器产品具有的保护、监测、自诊断、显示等功能集成于同一系统，这种智能型低压配电系统在全球中高端市场有着十分广阔的发展前景。

另外，新一代 ATSE、新一代 SPD 等项目，也正在积极研发，为引领行业积极推进行业自主创新，加快低压电器行业的发展增添了后劲。与此同时，我们也看到国外低压电器产品已注重向高性能、高可靠性、智能化、模块化且绿色环保方面转型；在制造技术上，已开始向提高专业工艺水平方面转型；在零件加工上，已开始向高速化、自动化、专业化转型；在产品外观上，已开始向人性化、美观化方面转型。

国外一批著名低压电器制造商相继推出了新一代产品，以世界 500 强 ABB 集团为例，已相继推出一系列智能低压系统，如智能低压系统平台 PMCS、智能化框架断路器 E 系列、智能化塑壳断路器 Tmax 系列、智能交流接触器 M10X 系列、智能马达控制器 UMC 系列、智能漏电检测系统 EFPS、弧光检测系统 TVOC 系列、智能仪表 EM 系列、电子式电动机保护器 M 系列、启动器(包括软启动器 PSE)、新型终端电器、控制与保护开关电器等。新一代的产品除了具备高性能、电子化、智能化、模块化、组合化、小型化特征外，还增加了可通信、高可靠、维护性能好、符合环保要求等特征。特别是新一代产品能与现场总线系统连接，实现系统网络化，使低压电器产品功能发生了质的飞跃。

国外厂家依托在技术及系统整合能力上占据大量中高端项目，今后会不遗余力推进智能低压电器系统，因此低压电器向高度智能化、集成化方向发展已是大势所趋。

1.5.2　国内低压电器的发展

我国低压电器行业经过50多年的发展，目前已经形成完整的产业体系，其产品用途广泛，市场潜力巨大。据统计资料显示，国产低压电器产品约1000个系列，产值达300亿元，具有规模以上的生产企业超过2000家，主要集中在沿海的广东、浙江和上海等省市。目前，低压电器产品大部分处于第三代的技术水平，但是第四代产品已经在市场上崭露头角。第四代电器产品除了继承第三代产品的特性外，还深化了智能化特征。

随着国内电力建设水平的提高，以及低压电器生产技术的不断发展，以智能化、可通信为主要特征的新一代低压电器将成为主流产品。目前，国产中、低档低压电器基本占据了国内大部分的市场，但国产智能低压电器除少数产品可与国外同类产品平分秋色外，大部分产品的国内市场占有率仍然很低，国内市场对智能低压电器的需求仍然依靠进口。

我国电器行业还存在基础薄弱、开发费用少、电器企业对产品的配套件开发不重视、产品外观质量差、原材料使用不合理、企业执行国际标准落后等诸多问题。为了提高国产智能低压电器产品品质，满足低压配电、控制系统与装置以及国家重点工程配套需要，第四代产品的大规模生产和开发迫在眉睫。

2009年5月，国网公司首次提出智能电网的概念，提出到2020年全面建成坚强智能电网，技术和装备全面达到国际领先水平。"十二五"以来，我国智能电网发展迅速，以电网全景实时数据采集、传输和存储，海量多源数据快速分析处理为主的大数据运用在智能电网建设中的重要性日趋显现。根据行业分析：2015—2020年中国特高压、智能电网总投资规模将会接近6万亿元，这对我国具有第三代改进、第四代低压电器研发能力的生产企业来说是一个巨大的利好。2015年5月8日国务院印发《中国制造2025》，部署全面推进实施制造强国战略，其主攻方向是智能制造，以高端装备、短板装备和智能装备为切入点，狠抓关键核心技术攻关，强化知识经验积累，持续提升自主开发和系统集成能力。无论是智能电网还是《中国制造2025》，都会对智能电器的发展起到极大的推动作用，智能电器产业迎来了难得的发展机遇。

思　考　题

1. 简述电弧的特点和常见的灭弧方法。
2. 简述智能低压电器的基本特点和功能。
3. 简述智能控制器的结构。
4. 简述电器智能化与智能电器两者的区别。
5. 简述智能化低压配电系统的主要特点。

第 2 章　PLC 与变频器应用

2.1　FR－E740 变频器简介

2.1.1　FR－E740 变频器的外观和接线

FR－E700 系列变频器是 FR－E500 系列变频器的升级产品，是一种小型、高性能变频器。FR－E700 系列变频器的外观和型号的定义如图 2－1 所示。

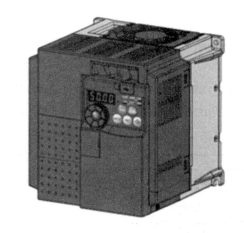

(a) FR-E700系列变频器外观

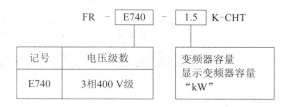

(b) 变频器型号定义

图 2－1　FR－E700 系列变频器

FR－E740 系列变频器主电路的通用接线如图 2－2 所示。

图 2－2 中有关说明如下：

（1）端子 P1、P/＋之间用以连接直流电抗器，不需连接时，两端子间短路。

（2）P/＋与 PR 之间用以连接制动电阻器，P/＋与 N/－之间用以连接制动单元选件。YL－335B 设备均未使用，故用虚线画出。

（3）交流接触器 MC 用作变频器的安全保护，注意不要通过此交流接触器来启动或停止变频器，否则可能降低变频器的寿命。

（4）进行主电路接线时，应确保输入、输出端不能接错，即电源线必须连接至 R/L1、S/L2、T/L3，绝对不能接 U、V、W，否则会损坏变频器。

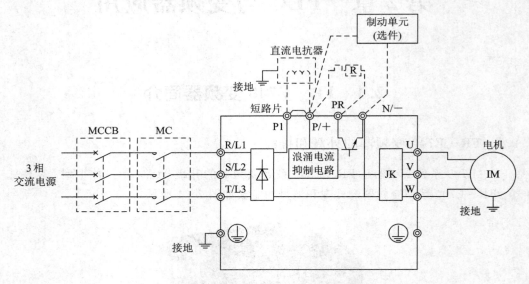

图 2-2　FR-E740 系列变频器主电路的通用接线

FR-E740 变频器控制电路的接线端子分布如图 2-3 所示。图 2-4 给出了 FR-E700 系列变频器控制电路接线图。

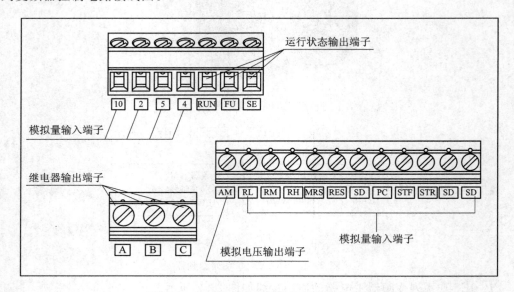

图 2-3　FR-E740 变频器控制端子分布图

图 2-4 中，控制电路端子分为控制输入、频率设定（模拟量输入）、继电器输出（异常输出）、集电极开路输出（状态检测）和模拟电压输出等五部分区域，各端子的功能可通过调整相关参数的值进行变更。

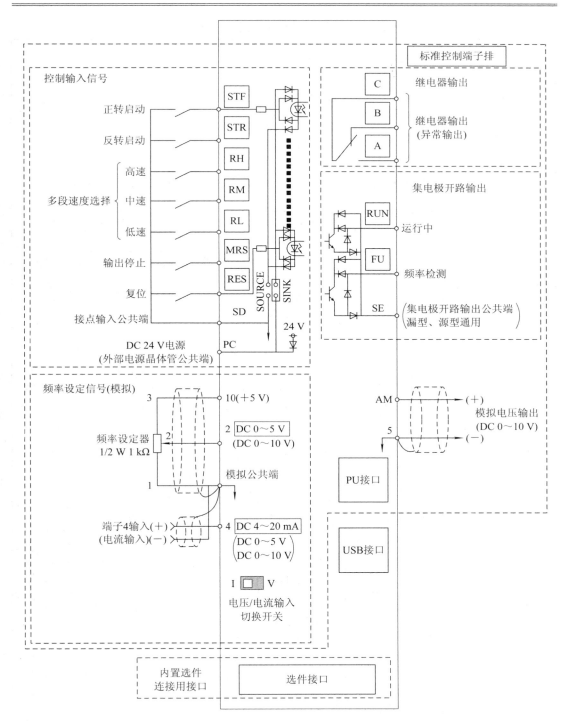

图 2 - 4　FR - E700 系列变频器控制电路接线图

2.1.2　控制端子功能

各控制电路端子的功能说明如表 2 - 1 至表 2 - 3 所示。

表 2－1　控制电路输入端子的功能说明

种类	端子编号	端子名称	端子功能说明	
接点输入	STF	正转启动	STF 信号 ON 时为正转、OFF 时为停止指令	STF、STR 信号同时为 ON 时变成停止指令
	STR	反转启动	STR 信号 ON 时为反转、OFF 时为停止指令	
	RH RM RL	多段速度选择	用 RH、RM 和 RL 信号的组合可以选择多段速度	
	MRS	输出停止	MRS 信号为 ON（20 ms 或以上）时，变频器输出停止；由电磁制动器停止电机时，用于断开变频器的输出	
	RES	复位	用于解除保护电路动作时的报警输出。使 RES 信号处于 ON 状态 0.1 秒或以上，然后断开。初始设定为始终可进行复位。但进行了 Pr.75 的设定后，仅在变频器报警发生时可进行复位。复位时间约为 1 秒	
	SD	接点输入公共端（漏型）（初始设定）	接点输入端子（漏型逻辑）的公共端子	
		外部晶体管公共端（源型）	源型逻辑时当连接晶体管输出（即集电极开路输出），例如可编程控制器（PLC）时，将晶体管输出用的外部电源公共端接到该端子时，可以防止因漏电引起的误动作	
		DC24V 电源公共端	DC24V 0.1A 电源（端子 PC）的公共输出端子；与端子 5 及端子 SE 绝缘	
	PC	外部晶体管公共端（漏型）（初始设定）	漏型逻辑时当连接晶体管输出（即集电极开路输出），例如可编程控制器（PLC）时，将晶体管输出用的外部电源公共端接到该端子时，可以防止因漏电引起的误动作	
		接点输入公共端（源型）	接点输入端子（源型逻辑）的公共端子	
		DC24V 电源	可作为 DC24V、0.1A 的电源使用	
频率设定	10	频率设定用电源	作为外接频率设定（速度设定）用电位器时的电源使用。（按照 Pr.73 模拟量输入选择）	
	2	频率设定（电压）	如果输入 DC0～5 V（或 0～10 V），在 5 V（10 V）时为最大输出频率，输入输出成正比。通过 Pr.73 进行 DC0～5 V（初始设定）和 DC0～10 V 输入的切换操作	
	4	频率设定（电流）	若输入 DC4～20 mA（或 0～5 V，0～10 V），在 20 mA 时为最大输出频率，输入输出成正比。只有 AU 信号为 ON 时端子 4 的输入信号才会有效（端子 2 的输入将无效）。通过 Pr.267 进行 4～20 mA（初始设定）和 DC0～5 V、DC0～10 V 输入的切换操作。电压输入（0～5 V/0～10 V）时，请将电压/电流输入切换开关切换至"V"	
	5	频率设定公共端	频率设定信号（端子 2 或 4）及端子 AM 的公共端子。请勿接大地	

表 2 - 2　控制电路接点输出端子的功能说明

种类	端子记号	端子名称	端子功能说明	
继电器	A、B、C	继电器输出（异常输出）	指示变频器因保护功能动作时输出停止的 1c 接点输出。异常时：B - C 间不导通（A - C 间导通），正常时：B - C 间导通（A - C 间不导通）	
集电极开路	RUN	变频器正在运行	变频器输出频率大于或等于启动频率（初始值 0.5 Hz）时为低电平，已停止或正在直流制动时为高电平	
	FU	频率检测	输出频率大于或等于任意设定的检测频率时为低电平，未达到时为高电平	
	SE	集电极开路输出公共端	端子 RUN、FU 的公共端子	
模拟	AM	模拟电压输出	可以从多种监示项目中选一种作为输出。变频器复位中不被输出。输出信号与监示项目的大小成比例	输出项目：输出频率（初始设定）

表 2 - 3　控制电路网络接口的功能说明

种类	端子记号	端子名称	端子功能说明
RS - 485	——	PU 接口	通过 PU 接口，可进行 RS - 485 通信。 ·标准规格：EIA - 485（RS - 485） ·传输方式：多站点通信 ·通信速率：4800～38 400 b/s ·总长距离：500 m
USB	——	USB 接口	与个人电脑通过 USB 连接后，可以实现 FR Configurator 的操作。 ·接口：USB1.1 标准 ·传输速度：12 Mb/s ·连接器：USB 迷你-B 连接器（插座：迷你-B 型）

2.1.3　变频器操作面板

　　使用变频器之前，首先要熟悉它的面板显示和键盘操作单元（或称控制单元），并且按使用现场的要求合理设置参数。FR - E700 系列变频器的参数设置，通常利用固定在其上的操作面板（不能拆下）实现，也可以使用连接到变频器 PU 接口的参数单元（FR - PU07）实现。使用操作面板可以进行运行方式、频率的设定，运行指令监视、参数设定、错误表示等。FR - 700 的操作面板如图 2-5 所示，其上半部为面板显示器，下半部为 M 旋钮和各种按键。它们的具体功能分别如表 2 - 4 和表 2 - 5 所示。

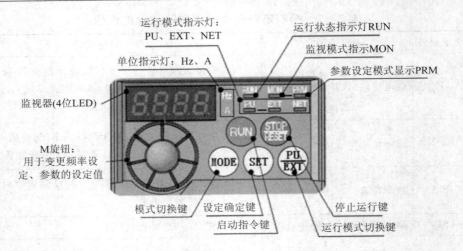

图 2 - 5 FR - E700 的操作面板

表 2 - 4 旋钮和按键功能

旋钮和按键	功　　能
M 旋钮(三菱变频器旋钮)	旋动该旋钮用于变更频率设定、参数的设定值。按下该旋钮可显示以下内容： ・监视模式时的设定频率 ・校正时的当前设定值 ・报警历史模式时的顺序
模式切换键 MODE	用于切换各设定模式。与运行模式切换键同时按下也可以用来切换运行模式。长按此键(2 秒)可以锁定操作
设定确定键 SET	各设定的确定。 此外，当运行中按此键则监视器出现以下显示： 运行频率 → 输出电流 → 输出电压
运行模式切换键 PU/EXT	用于切换 PU/外部运行模式。 使用外部运行模式(通过另接的频率设定电位器和启动信号启动的运行)时则按此键，使表示运行模式的 EXT 处于亮灯状态。 切换至组合模式时，可同时按 MODE 键 0.5 秒，或者变更参数 Pr.79
启动指令键 RUN	在 PU 模式下，按此键启动运行。 通过 Pr.40 的设定，可以选择旋转方向
停止运行键 STOP/RESET	在 PU 模式下，按此键停止运转。 保护功能(严重故障)生效时，也可以进行报警复位

表 2 - 5 运行状态显示

显 示	功 能
运行模式显示	PU：PU 运行模式时亮灯； EXT：外部运行模式时亮灯； NET：网络运行模式时亮灯
监视器(4 位 LED)	显示频率、参数编号等
监视数据单位显示	Hz：显示频率时亮灯；A：显示电流时亮灯 (显示电压时熄灯，显示设定频率监视时闪烁)
运行状态显示 RUN	当变频器动作中亮灯或者闪烁；其中： 亮灯——正转运行中； 缓慢闪烁(1.4 秒循环)——反转运行中； 下列情况下出现快速闪烁(0.2 秒循环)： ·按键或输入启动指令都无法运行时 ·有启动指令，但频率指令在启动频率以下时 ·输入了 MRS 信号时
参数设定模式显示 PRM	参数设定模式时亮灯
监视器显示 MON	监视模式时亮灯

2.1.4 变频控制系统安装

1. 三菱变频器的安装环境

1）三菱变频器工作温度

三菱变频器内部是大功率的电子元件，极易受到工作温度的影响，产品一般要求为 0~55℃，但为了保证工作安全、可靠，使用时应考虑留有余地，最好控制在 40℃以下。在控制箱中，三菱变频器一般应安装在箱体上部，并严格遵守产品说明书中的安装要求，绝对不允许把发热元件或易发热的元件紧靠三菱变频器的底部进行安装。

2）三菱变频器环境温度

温度太高且温度变化较大时，三菱变频器内部易出现结露现象，其绝缘性能就会大大降低，甚至可能引发短路事故。必要时，必须在箱中增加干燥剂和加热器。在水处理间，一般水汽都比较重，如果温度变化大的话，这个问题会比较突出。

3）腐蚀性气体

使用环境如果腐蚀性气体浓度大，不仅会腐蚀元器件的引线、印刷电路板等，而且还会加速塑料器件的老化，降低绝缘性能。

4）振动和冲击

装有三菱变频器的控制柜受到机械振动和冲击时，会引起电气接触不良。例如：淮安热电就出现过这样的问题。出现这种情况时，除了提高控制柜的机械强度、远离振动源和冲击源外，还应使用抗震橡皮垫固定控制柜外和内电磁开关之类产生振动的元器件。设备运行一段时间后，应对其进行检查和维护。

5）电磁波干扰

三菱变频器在工作中由于整流和变频，周围产生了很多的干扰电磁波，这些高频电磁波对附近的仪表、仪器有一定的干扰。因此，柜内仪表和电子系统，应该选用金属外壳，屏蔽三菱变频器对仪表的干扰。所有的元器件均应可靠接地，除此之外，各电气元件、仪器及仪表之间的连线应选用屏蔽控制电缆，且屏蔽层应接地。如果处理不好电磁干扰，则往往会使整个系统无法工作，导致控制单元失灵或损坏。

2. 三菱变频器安装具体要求

1）电机回路

三菱变频器和电机的距离应该尽量的短，这样就减小了电缆的对地电容，减少了干扰的发射源。控制电缆选用屏蔽电缆，动力电缆选用屏蔽电缆或者从三菱变频器到电机全部用穿线管屏蔽。电机电缆应独立于其他电缆走线，其最小距离为 500 mm。同时应避免电机电缆与其他电缆长距离平行走线，这样才能减少三菱变频器输出电压快速变化而产生的电磁干扰。如果控制电缆和电源电缆交叉，则应尽可能使它们按 90°角交叉。与三菱变频器有关的模拟量信号线与主回路线分开走线，即使在控制柜中也要如此。与三菱变频器有关的模拟信号线最好选用屏蔽双绞线，动力电缆选用屏蔽的三芯电缆或遵从三菱变频器的用户手册。

2）主回路

电抗器的作用是防止三菱变频器产生的高次谐波通过电源的输入回路返回到电网从而影响其他的受电设备，需要根据三菱变频器的容量大小来决定是否需要加电抗器；滤波器是安装在三菱变频器的输出端，减少三菱变频器输出的高次谐波，当三菱变频器到电机的距离较远时，应该安装滤波器。虽然三菱变频器本身有各种保护功能，但缺相保护却并不完美，断路器在主回路中起到过载、缺相等保护，选型时可按照三菱变频器的容量进行选择。可以用三菱变频器本身的过载保护代替热继电器。

3）控制回路

变频/工频切换电路可以按照实际工作要求，选择"工频运行"或者"变频运行"。在"变频运行"时，若变频器发生故障跳闸，应能自动切换至"工频运行"方式，同时发生声光报警。因为"工频运行"时，变频器无法对电动机进行过载保护，所以必须要在切换电路中接入热继电器，用于工频运行时的过载保护。另外，由于变频器的输出端不允许和电源相连，因此工频和变频接触器之间必须要有可靠的互锁。

4）接地

三菱变频器正确接地是提高系统稳定性、抑制噪声能力的重要手段。三菱变频器接地端子的接地电阻越小越好，接地导线的截面不小于 4 mm、长度不超过 5 m。三菱变频器的接地应和动力设备的接地点分开，不能共地。信号线的屏蔽层一端接到三菱变频器的接地端，另一端浮空。三菱变频器与控制柜之间电气相通。

3. 三菱变频器控制柜设计

三菱变频器应该安装在控制柜内部，控制柜在设计时要注意以下问题。

1) 三菱变频器散热问题

三菱变频器的发热是由内部的损耗产生的。在三菱变频器中各部分损耗中主要以主电路为主，约占 98%，控制电路约占 2%。为了保证三菱变频器正常可靠运行，必须对三菱变频器进行散热，通常采用风扇散热；三菱变频器的内装风扇可将三菱变频器的箱体内部散热带走，若风扇不能正常工作，则应立即停止三菱变频器运行；大功率的三菱变频器还需要在控制柜上加风扇，控制柜的风道要设计合理，所有进风口要设置防尘网，排风通畅，避免在柜中形成涡流，在固定的位置形成灰尘堆积；根据三菱变频器说明书的通风量来选择匹配的风扇，风扇安装要注意防震问题。

2) 三菱变频器电磁干扰问题

三菱变频器在工作中由于整流和变频，周围产生了很多的干扰电磁波，这些高频电磁波对附近的仪表、仪器有一定的干扰，而且会产生高次谐波，这种高次谐波会通过供电回路进入整个供电网络，从而影响其他仪表。如果三菱变频器的功率很大，占整个系统的 25% 以上，则需要考虑控制电源的抗干扰措施。

3) 三菱变频器接线规范

当系统中有高频冲击负载如电焊机、电镀电源时，变频器本身会因为干扰而出现保护，需要考虑整个系统的电源质量问题。信号线与动力线必须分开走线：使用模拟量信号进行远程控制三菱变频器时，为了减少模拟量受来自三菱变频器和其他设备的干扰，需将控制三菱变频器的信号线与强电回路（主回路及顺控回路）分开走线，距离应在 30 cm 以上。即使在控制柜内，同样要保持这样的接线规范。该信号与三菱变频器之间的控制回路线最长不得超过 50 m。信号线与动力线必须分别放置在不同的金属管道或者金属软管内部。连接 PLC 和三菱变频器的信号线如果不放置在金属管道内，则极易受到三菱变频器和外部设备的干扰；同时由于三菱变频器无内置的电抗器，所以三菱变频器的输入和输出动力线对外部会产生极强的干扰，因此放置信号线的金属管或金属软管一直要延伸到三菱变频器的控制端子处，以保证信号线与动力线的彻底分开。模拟量控制信号线应使用双股绞合屏蔽线，电线规格为 $0.75~mm^2$。在接线时一定要注意，电缆剥线要尽可能的短（5～7 mm 左右），同时对剥线以后的屏蔽层要用绝缘胶布包起来，以防止屏蔽线与其他设备接触引入干扰。为了提高接线的简易性和可靠性，推荐信号线上使用压线棒端子。

2.2　变频器的运行模式

所谓运行模式，是指对输入到变频器的启动指令和设定频率的命令来源的指定。变频器在不同的运行模式下，各种按键、M 旋钮的功能各异。

一般来说，使用控制电路端子、在外部设置电位器和开关来进行操作的是"外部运行模式"，使用操作面板或参数单元输入启动指令、设定频率的是"PU 运行模式"，通过 PU 接口进行 RS-485 通信或使用通信选件的是"网络运行模式（NET 运行模式）"。在进行变频器操作以前，必须了解其各种运行模式，才能进行各项操作。

FR-E700 系列变频器通过参数 Pr.79 的值来指定变频器的运行模式，设定值范围为 0、1、2、3、4、6、7，这七种运行模式的内容以及相关 LED 指示灯的状态如表 2-6 所示。

表 2-6　运行模式选择(Pr. 79)

设定值	内　　　容	LED 显示状态(▬：灭灯 ▭：亮灯)
0	外部/PU 切换模式,通过 PU/EXT 键可切换 PU 与外部运行模式。 注意:接通电源时为外部运行模式	外部运行模式: EXT　　　PU 运行模式: PU
1	固定为 PU 运行模式	PU
2	固定为外部运行模式。 可以在外部、网络运行模式间切换运行	外部运行模式: EXT　　　网络运行模式: NET
3	外部/PU 组合运行模式 1 <table><tr><td>频率指令</td><td>启动指令</td></tr><tr><td>用操作面板设定或用参数单元设定,或外部信号输入(多段速设定,端子 4~5 间(AU 信号为 ON 时有效))</td><td>外部信号输入(端子 STF、STR)</td></tr></table>	PU　EXT
4	外部/PU 组合运行模式 2 <table><tr><td>频率指令</td><td>启动指令</td></tr><tr><td>外部信号输入(端子 2、4、JOG、多段速选择等)</td><td>通过操作面板的 RUN 键或通过参数单元的 FWD、REV 键来输入</td></tr></table>	
6	切换模式。 可以在保持运行状态的同时,进行 PU 运行、外部运行、网络运行的切换	PU 运行模式: PU 外部运行模式: EXT 网络运行模式: NET
7	外部运行模式(PU 运行互锁)。 X12 信号为 ON 时,可切换到 PU 运行模式; (外部运行中输出停止) X12 信号为 OFF 时,禁止切换到 PU 运行模式	PU 运行模式: PU 外部运行模式: EXT

　　变频器出厂时,参数 Pr. 79 设定值为 0。当停止运行时用户可以根据实际需要修改其设定值。

　　修改 Pr. 79 设定值的一种方法是:按 MODE 键使变频器进入参数设定模式;旋动 M 旋钮,选择参数 Pr.79,用 SET 键确定之;然后再旋动 M 旋钮选择合适的设定值,用 SET 键确定之;两次按 MODE 键后,变频器的运行模式将变更为设定的模式。

2.3　常用参数的设定

　　变频器参数的出厂设定值被设置为完成简单的变速运行。如需按照负载和操作要求设定参数，则应进入参数设定模式，先选定参数号，然后设置其参数值。设定参数分两种情况，一种是停机 STOP 方式下重新设定参数，这时可设定所有参数；另一种是在运行时设定，这时只允许设定部分参数，但是可以核对所有参数号及参数。

FR－E700 变频器有几百个参数，实际使用时，只需根据使用现场的要求设定部分参数，其余按出厂设定即可。一些常用的参数需要我们熟悉，下面根据多段调速对变频器的要求，介绍一些常用参数的设定。

2.3.1　输出频率的限制（Pr.1、Pr.2、Pr.18）

为了限制电机的速度，应对变频器的输出频率加以限制。用 Pr.1"上限频率"和 Pr.2"下限频率"来设定，可将输出频率的上、下限钳位。

当在 120 Hz 以上运行时，用参数 Pr.18"高速上限频率"设定高速输出频率的上限。

Pr.1 与 Pr.2 出厂设定范围为 0～120 Hz，出厂设定值分别为 120 Hz 和 0 Hz。Pr.18 出厂设定范围为 120～400 Hz。输出频率和设定值的关系如图 2-6 所示。

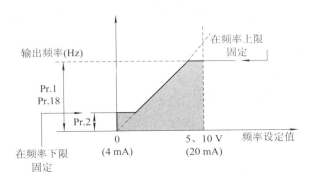

图 2-6　输出频率与设定值的关系

2.3.2　加减速时间（Pr.7、Pr.8、Pr.20、Pr.21）

加减速时间（Pr.7、Pr.8、Pr.20、Pr.21）各参数的意义及设定范围如表 2-7 所示。

表 2-7　加减速时间相关参数的意义及设定范围

参数号	参数意义	出厂设定	设定范围	备　　注
Pr.7	加速时间	5 s	0～3600/360 s	根据 Pr.21 加减速时间单位的设定值进行设定。初始值的设定范围为"0～3600 秒"、设定单位为"0.1 秒"
Pr.8	减速时间	5 s	0～3600/360 s	
Pr.20	加/减速基准频率	50 Hz	1～400 Hz	
Pr.21	加/减速时间单位	0	0/1	0：0～3600s；单位：0.1 s 1：0～360s；单位：0.01 s

设定说明：

（1）用 Pr.20 作为加/减速的基准频率，在我国就选为 50 Hz。

（2）Pr.7 加速时间用于设定从停止到 Pr.20 加减速基准频率的加速时间。

（3）Pr. 8 减速时间用于设定从 Pr. 20 加减速基准频率到停止的减速时间。

2.3.3 参数清除

如果用户在参数调试过程中遇到问题，并且希望重新开始调试，则可用参数清除操作方法实现。即，在 PU 运行模式下，设定 Pr. CL 参数清除、ALLC 参数全部清除均为 1，可使参数恢复为初始值。（但如果设定 Pr. 77 参数写入选择＝1，则无法清除。）参数清除操作，需要在参数设定模式下，用 M 旋钮选择参数编号为 Pr. CL 和 ALLC，把它们的值均设置为 1。

2.4 变频器多段速控制

2.4.1 多段速运行模式的操作

变频器在外部操作模式或组合操作模式 2 下，通过外接开关器件的组合通断改变输入端子的状态来实现变频，这种控制频率的方式称为多段速控制功能。FR - E740 变频器的速度控制端子是 RH、RM 和 RL，通过这些开关的组合可以实现 3 段、7 段的控制。

转速的切换：由于转速的档次是按二进制的顺序排列的，故三个输入端可以组合成 3 档至 7 档（0 状态不计）转速。其中，3 段速由 RH、RM、RL 单个通断来实现；7 段速由 RH、RM、RL 通断的组合来实现。

7 段速的各自运行频率则由参数 Pr. 4～Pr. 6（设置前 3 段速的频率）、Pr. 24～Pr. 27（设置第 4 段速至第 7 段速的频率）来实现。对应的控制端状态及参数关系见图 2 - 7。多段速度设定在 PU 运行和外部运行中都可以设定，运行期间参数值也能被改变。

参数号	出厂设定	设定范围	备注
4	50 Hz	0～400 Hz	
5	30 Hz	0～400 Hz	
6	10 Hz	0～400 Hz	
24～27	9999	0～400 Hz，9999	9999：未选择

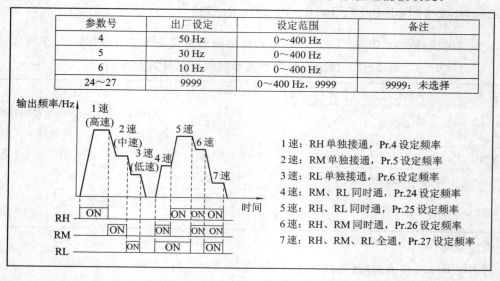

图 2 - 7 多段速控制对应的控制端状态及参数关系

3 速设定的场合(Pr. 24~Pr. 27 设定为 9999),2 速以上同时被选择时,低速信号的设定频率优先。

最后指出,如果把参数 Pr. 183 设置为 8,将 RMS 端子的功能转换成多速段控制端 REX,就可以用 RH、RM、RL 和 REX 通断的组合来实现 15 段速了。详细的说明可参阅 FR - E700 使用手册。

2.4.2　实训操作:电梯轿厢开关门控制系统设计

1. 实训目的

(1) 掌握变频器的多段调速基本方法。

(2) 掌握变频器相关控制端子和参数的功能。

(3) 了解通过 PLC 来控制变频器运行的思路和方法。

(4) 会利用变频器的多段调速功能解决简单的实际工程问题。

2. 实训任务

用 PLC 和变频器设计一个电梯轿厢开关门的控制系统,并在实训室完成模拟调试。具体控制要求如下:

(1) 按开门按钮 SB1,电梯轿厢门立即打开。

(2) 按关门按钮 SB2,电梯轿厢门即关闭,关门的曲线如图 2-8 所示。按关门按钮 SB2 后即启动(10 Hz),2 s 后即加速(40 Hz),6 s 后即减速(20 Hz),10 s 后开始停止。

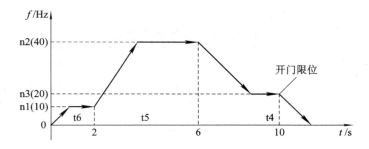

图 2-8　关门速度曲线

(3) 电动机运行过程中,若热保护动作,则电动机无条件停止运行。

(4) 模拟调试时,不考虑电梯的各种安全保护和联动条件。

(5) 电动机的加、减速时间自行设定。

3. 设计思路

根据实训要求,可以采用变频器的三段调速功能来实现,即通过变频器的输入端子 RH、RM、RL,并结合变频器的参数 Pr. 4、Pr. 5、Pr. 6 进行变频器的多段调速;而输入端子 RH、HM、RL 与 SD 端子的通和断可以通过 PLC 的输出信号来控制。

4. 设计步骤

(1) 控制系统接线图。根据系统控制要求、PLC 的输入输出分配以及控制程序绘制系统接线。

(2) PLC 控制程序设计。PLC 的 I/O 分配参考表 2-8 和表 2-9。

表 2-8　输入地址分配

输入地址	对应的外部设备
X1	开门按钮
X2	关门按钮
X3	热继电器(用动合按钮代替)

表 2-9　输出地址分配

输入地址	对应的外部设备
Y0	STF
Y1	RH
Y2	RM
Y3	RL
Y4	STR

(3) 变频器参数设置。设置变频器参数并将所设置的相关重要参数填入表 2-10 中,参数填写方法参见表 2-10 中的 Pr.1。

表 2-10　变频参数设置

参数号	参数名称	设定范围	设定值	设 定 理 由
Pr.1	上限频率	0~120 Hz	50 Hz	输出频率的上限值,限制电机的速度上限

(4) 运行调试。

5. 巩固与提高

(1) 开门过程保持不变,按关门按钮 SB2,电梯轿厢门即关闭。按关门按钮 SB2 后即启动(20 Hz),2 s 后即加速(40 Hz),6 s 后即减速(10 Hz),10 s 后开始停止。

(2) 设计一个三段调速控制系统,控制要求如下:按启动按钮变频器以 30 Hz 运行 5 s 后停止 2 s;再以 40 Hz 运行 5 s,停止 3 s;50 Hz 运行 4 s,停止 4 s,如此不断循环。按停止按钮变频器减速停止,变频器加减速时间为 3 s。

(3) 电梯轿厢门正在关门时,若我们用手或脚阻止其关门,则轿厢门又会自动打开,请问本实训程序是否具有此功能?若没有请完善。

2.5　PLC 与变频器通信

在工业自动化控制系统中，最为常见的是 PLC 和变频器的组合应用，并且产生了多种多样的 PLC 控制变频器的方法，其中采用 RS-485 通信方式实施控制的方案得到广泛的应用；因为它抗干扰能力强、传输速率高、传输距离远且造价低廉。但是，RS-485 的通信必须解决数据编码、求取校验和、成帧、发送数据、接收数据的奇偶校验、超时处理和出错重发等一系列技术问题，一条简单的变频器操作指令，有时要编写数十条 PLC 梯形图指令才能实现，编程工作量大而且繁琐。在 PLC 主机上安装一块 RS-485 通信板或挂接一块 RS-485 通信模块；在 PLC 的面板下嵌入"功能扩展存储盒"，编写 4 条极其简单的 PLC 梯形图指令，即可实现多台变频器参数的读取和写入，各种运行的监视和控制，通信距离可达 50 m 或 500 m。

2.5.1　通信基础知识

1. 并行通信与串行通信

1）并行通信

并行通信以字节或字为单位，同时将多个数据在多个并行信道上进行传输。

并行通信的速度较快，但随着传输位数的增多，电路的复杂程度相应增加，成本也随之上升，抗干扰能力较差。因此，并行通信较适合短距离和高速率的数据通信，如 PLC 内部的基本单元、扩展单元和特殊模块之间的数据传送等均用并行通信。

2）串行通信

串行通信是指数据在一根传输线上按位顺序依次传输的方式，可以分为异步通信和同步通信。

PLC 和其他设备主要采用串行异步通信的方式。在异步通信中，数据是一帧一帧传送的，一帧数据传送完成后，可以接着传送下一帧数据，也可以等待，以便使其有能力处理实时的串行数据，等待期间为空闲位，一般空闲位是高电平。异步通信主要用于中、低速的数据通信场合。

同步通信的数据传输以数据块为单位，在同步通信中发送方和接收方使用同一时钟频率。同步通信传输效率高，但是对硬件的要求也高，主要用于高速通信。

3）串行通信与并行通信比较

串行通信的优点是需要的通信线数少；缺点是通信速度慢，但是串行传输只需要一两根传输线，一般用于距离较远的通信。如 PLC 与计算机之间、PLC 与 PLC 之间。并行通信的优点是通信速度快；缺点是需要的数据线多，成本高，用于近距离通信。如：PLC 与扩展模块之间。因此，并行通信多用于传输距离短而速度要求高的场合，串行通信则用于传输距离长而速度要求低的场合。

2. 异步通信帧数据格式

串行异步通信在通信时，数据以字符帧为单位进行传送。帧数据格式如图 2-9 所示，按照起始位、数据位、奇偶校验位、停止位的顺序逐位进行传送。

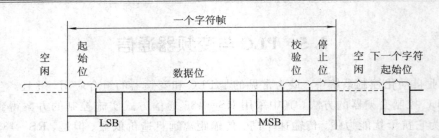

图 2-9　串行异步通信帧数据格式

起始位(1位)：表示一帧数据的开始，一定是低电平。

数据位(5~8位)：紧跟在起始位之后，传递数据时从低位到高位逐位进行。

奇偶校验位：用于检验数据传送过程中有没有发生错误的一种检验方式，可分为奇校验和偶校验，也可以不用校验位。奇校验就是组成数据位和奇偶校验位的逻辑1的个数必须是奇数，偶校验则是组成数据位和奇偶校验位的逻辑1的个数必须是偶数。

停止位：表示一帧数据的结束，可以是1个、1.5个或者2个高电平。接收设备在收到停止位之后，通信线恢复到逻辑1状态(空闲)，直到下一个字符帧的起始位到来。

3. 数据传送方向

如图2-10所示，在通信线路上按照数据传送方向可以分为单工、半双工和全双工三种方式。

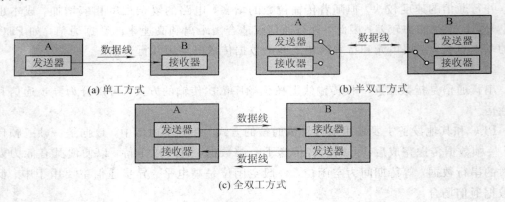

图 2-10　数据传送方向

单工方式就是指只允许数据按照一个固定方向传送，通信两点中的一点为接收端，另一点为发送端，且这种确定是不可更改的。其中A端只能作为发送端，B端只能作为接收端接收数据，如无线广播等。

半双工方式就是指信息可在两个方向上传输，但在某特定时刻接收和发送是确定的，它的传送线路只有一条，可以是A端发送B端接收，也可以是B端发送A端接收，如无线对讲机等。

全双工方式则同时可作双向通信，A、B两端可同时作发送端、接收端，如电话等。

4. 通信网络传输介质

通信网络传输介质是连接网络上各站或节点物理信号通路的，在网络中称为通信链路。用于网络的传输介质通常有双绞线、同轴电缆、光纤等。

1）双绞线

双绞线是最普通又是最古老的传输介质，由两根互相绝缘的铜导线组成，这两条导线呈螺旋状拧在一起，可以减少邻近线路的电磁干扰。如果加上屏蔽层，则抗干扰能力更强。

一对双绞线可用作一条通信线路，既可以传输模拟信号，又可以传输数字信号。

双绞线既可以用于点到点的连接，也可用于多点连接，不用中继器的最大传输距离可达到 1.5 km。

2）同轴电缆

同轴电缆是由内导体铜质芯线（单股实心线或多股绞合线）、绝缘层、网状编织的外导体屏蔽层以及塑料保护外层组成的。

由于外导体的屏蔽作用，同轴电缆具有很好的抗干扰性，所以被广泛应用于较高速率的数据传输中。与双绞线相比，同轴电缆抗干扰能力强，能够应用于频率更高、数据传输速率更快的场合。同轴电缆大量被光纤取代，但它仍广泛应用于有线电视和某些局域网中。

3）光纤

光纤是一种传输光信号的传输媒介。

处于光纤最内层的纤芯是一种横截面积很小、质地脆、易断裂的光导纤维，制造这种纤维的材料可以是玻璃也可以是塑料。在光纤的最外层则是起保护作用的外套。通常都是将多根光纤扎成束并裹以保护层制成多芯光缆的。光缆传送数据速率可达几百 Mb/s。

5. 常用通信接口

1）RS-232 接口

RS-232 是数据通信中应用最广泛的一种串行接口。

RS-232 是数据终端设备与数据通信设备进行数据交换的接口。目前最受欢迎的是 RS-232C，即 C 版本的 RS-232。RS-232C 接口物理连接器（插头）规定为 25 芯插头，但在实际使用时，9 芯插头就够了，所以近年来多采用型号为 DB-9 的 9 芯插头，传输线可采用屏蔽双绞线。

如图 2-11 所示，PLC 一般使用 9 针的连接器。RS-232C 接口引脚信号的定义可见表 2-11。

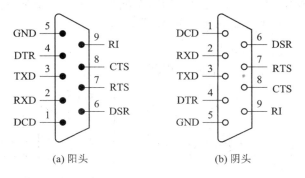

图 2-11　DB-9 插头示意图

表 2 - 11   RS - 232C 接口引脚信号的定义

引脚号(9针)	引脚号(25针)	信号	方向	功　能
1	8	DCD	IN	数据被检测
2	3	RxD	IN	接收数据
3	2	TxD	OUT	发送数据
4	20	DTR	OUT	数据终端装置(DTE)准备就绪
5	7	GND	IN	信号公共参考地
6	6	DSR		数据通信装置(DCE)准备就绪
7	4	RTS	OUT	请求传送
8	5	CTS	IN	清除传送
9	22	CI(RI)	IN	振铃指示

RS - 232C 的电气接口采用单端驱动、单端接收电路，容易受到公共地线上的电位差和外部引入的干扰信号的影响，同时还存在以下不足：

（1）数据传输速率低，异步传输时，比特率仅为 20 kb/s。

（2）传输距离有限，最远为 15 m 左右。

（3）接口使用一根信号线和一根信号返回线构成共地的传输方式，这种共用一根信号地线的传输方式容易产生共模干扰，所以抗干扰能力差。

2）RS - 422

针对 RS - 232C 的不足，EIA 于 1977 年推出了串行通信标准 RS - 422A。

由于 RS - 422A 采用平衡驱动、差分接收电路，从根本上取消了信号地线，因此大大减少了地电平所带来的共模干扰。

图 2 - 12 为 RS - 422 平衡驱动差动接收电路，其平衡驱动器相当于两个单端驱动器，它的输入信号相同，两个输出信号互为反相信号，图中的小圆圈表示反相。外部输入的干扰信号是以共模方式出现的，两极传输线上的共模干扰信号相同，因接收器是差分输入，故共模信号可以互相抵消。

如图 2 - 13 所示，由于 RS422 的收和发是分开的，所以可以同时收发(全双工)。RS - 422A 在最大传输速率 10 Mb/s 时，允许的最大通信距离为 12 m。传输速率为 100 kb/s 时，最大通信距离为 1200 m。一台驱动器可以连接 10 台接收器。

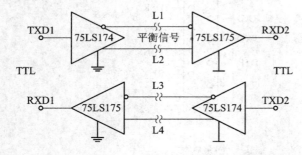

图 2 - 12   RS - 422 平衡驱动差动接收电路

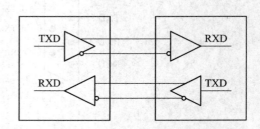

图 2 - 13   RS - 422 通信接线图

3）RS-485

RS-485 是 RS-422 的变形，RS-422A 采用全双工方式，两对平衡差分信号线分别用于发送和接收，所以采用 RS-422 接口通信时最少需要 4 根线。

RS-485 采用半双工方式，只有一对平衡差分信号线，不能同时发送和接收，最少只需两根连线。如图 2-14 所示，使用 RS-485 通信接口和双绞线可组成串行通信网络，构成分布式系统，系统最多可连接 128 个站。因为 RS-485 接口组成的半双工网络一般只需要两条连线，因此 RS-485 接口应采用屏蔽双绞线传输。

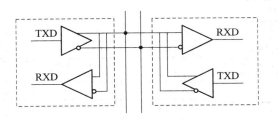

图 2-14　RS-485 口的接线图

2.5.2　PU 接口通信系统的构成

1. PU 接口变频器通信联机模式

计算机与变频器连接时（1 对 1 连接），如图 2-15 所示。

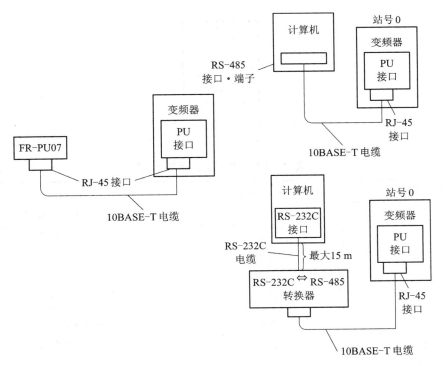

图 2-15　1 对 1 通信模式

计算机与多台变频器组合时（1 对 n 连接），如图 2-16 所示。

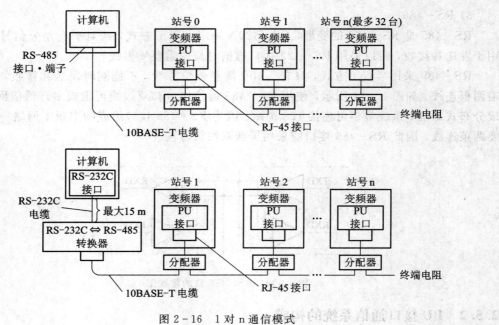

图 2-16 1 对 n 通信模式

2. PU 接口插针排列

变频器本体(插座侧)从正面看的形状及对应插针介绍如图 2-17 和表 2-12 所示。

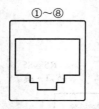

①~⑧

图 2-17 PU 接口插针形状

表 2-12 PU 接口插针介绍

插针编号	名 称	内 容
①	SG	接地(与端子 5 导通)
②	—	参数单元电源
③	RDA	变频器接收+
④	SDB	变频器发送-
⑤	SDA	变频器发送+
⑥	RDB	变频器接收-
⑦	SG	接地(与端子 5 导通)
⑧	—	参数单元电源

2.5.3　变频器通信参数设置

PLC 和变频器之间进行通信，通信规格必须在变频器的初始化中设定，如果没有进行初始设定或有一个错误的设定，则数据将不能进行传输。每次参数初始化设定完以后，需要复位变频器。如果改变与通信相关的参数后，变频器没有复位，则通信将不能进行。

1. RS-485 通信的初始设定

RS-485 通信参数的初始设定值如表 2-13 所示。

表 2-13　RS-485 通信参数初始设定值

参数号	名称	出厂设定	设定范围	备　　注	
Pr.117	PU 通信站号	0	0～31 (0～247)	变频器站号指定 1 台控制器连接多台变频器时要设定变频器的站号	
Pr.118	通信速率	192	48、96、192、384	通信速率设定值×100，即设定为 192 时，通信速率为 19 200 b/s	
Pr.119	PU 通信停止位长	1	0	停止位长	数据位长
				1 b	8 b
			1	2 b	
			10	1 b	7 b
			11	2 b	
Pr.120	PU 通信奇偶校验	2	0	无奇偶校验	
			1	奇校验	
			2	偶校验	
			9999	不进行通信校验	
Pr.123	PU 通信等待时间设定	9999	0～150 ms	设定向变频器发出数据后信息返回的等待时间	
			9999	用通信数据进行设定	
Pr.124	PU 通信有无 CR/LF 选择	1	0	无 CR、LF	
			1	有 CR	
			2	有 CR、LF	
Pr.549	协议选择	0	0	三菱变频器（计算机链接）协议	
			1	Modbus-RTU 协议	

2. 通信异常时的动作选择

通过 PU 接口进行 RS-485 通信时，可以选择通信异常时的动作，具体参数设置如表 2-14 所示。Pr.121 设定发生数据接收错误时的再试次数容许值。数据接收错误连续发生、超过设定的容许次数时，会引起变频器跳闸（E.PUE）并使电机停止（根据 Pr.502 的设定）。Pr.121 设定值为 "9999" 时，即便发生数据接收错误也不会引起变频器跳闸，而是输出轻故障输出信号（LF）。关于 LF 信号输出所使用的端子，可通过将 Pr.190～Pr.192（输出端子功能选择）设定为 "98（正逻辑）或 198（负逻辑）" 进行端子功能的分配。Pr.122 号参数一定要设置成 9999，否则当通信结束以后且通信校验互锁时间到时变频会产生报警并且停止（E.PUE）。

表 2-14　通信异常相关参数

参数号	名称	出厂设定	设定范围	备　注			
Pr.121	PU 通信再试次数	1	0~10	发生数据接收错误时的再试次数容许值。连续发生错误次数超过容许值时,变频器将跳闸(根据 Pr.502 的设定)。仅在三菱变频器(计算机链接)协议下有效			
			9999	即使发生通信错误变频器也不会跳闸			
Pr.122	PU 通信校验时间间隔	0	0	可进行 RS-485 通信。但,有指令权的运行模式启动的瞬间将发生通信错误(E.PUE)			
			0.1~999.8s	通信校验(断线检测)时间的间隔。无通信状态超过容许时间以上时,变频器将跳闸(根据 Pr.502 的设定)			
			9999	不进行通信校验(断线检测)			
Pr.502	通信异常时停止模式选择	0		发生异常时	显示	异常输出	异常解除时
			0、3	自由运行停止	E.PUE	输出	停止(E.PUE)
			1	减速停止	停止后 E.PUE	停止后输出	停止(E.PUE)
			2	减速停止	停止后 E.PUE	无输出	再启动

3. 接通电源时的运行模式

给 Pr.340 和 Pr.79 设置不同的参数值,当变频器电源接通(复位)时,会有多种初始运行模式,具体设置方法见表 2-15。

表 2-15　运行模式设置

Pr.340 设定值	Pr.79 设定值	接通电源时、恢复供电时、复位时的运行模式	运行模式的切换方法
0(初始值)	0(初始值)	外部运行模式	可以在外部、PU、网络运行模式间切换
	1	PU 运行模式	固定为 PU 运行模式
	2	外部运行模式	可以在外部、网络运行模式间切换,不可切换至 PU 运行模式
	3、4	外部/PU 组合模式	不可切换运行模式
	6	外部运行模式	可以在持续运行的同时,进行外部、PU、网络运行模式的切换
	7	X12(MRS)信号 ON	可以在外部、PU、网络运行模式间切换
		X12(MRS)信号 OFF	固定为外部运行模式(强制切换到外部运行模式)

续表

Pr.340 设定值	Pr.79 设定值	接通电源时、恢复供电时、复位时 的运行模式	运行模式的切换方法
1	0	网络运行模式	与 Pr.340＝0 时相同
	1	PU 运行模式	
	2	网络运行模式	
	3、4	外部/PU 组合模式	
	6	网络运行模式	
	7	X12（MRS）信号 ON 为网络运 行模式	
		X12（MRS）信号 OFF 为外部运 行模式	
10	0	网络运行模式	可以在 PU、网络运行模式间切换
	1	PU 运行模式	与 Pr.340＝0 时相同
	2	网络运行模式	固定为网络运行模式
	3、4	外部/PU 组合模式	与 Pr.340＝0 时相同
	6	网络运行模式	可以在持续运行的同时，进行 PU、网络运行模式的切换
	7	外部运行模式	与 Pr.340＝0 时相同

2.5.4　变频器通信常用相关指令及其用法

1. 变频器通信指令介绍

FX$_{3U}$ PLC 使用的变频器通信指令主要分为五类，各指令的助记符、指令格式及指令功能见表 2-16。

表 2-16　变频器通信指令

指令记号	指令格式	功　能
IVCK	├┤├─ IVCK S1 S2 D n ─┤	变频器的运行监控
IVDR	├┤├─ IVDR S1 S2 S3 n ─┤	变频器的运行控制
IVRD	├┤├─ IVRD S1 S2 D n ─┤	变频器的参数读取
IVWR	├┤├─ IVWR S1 S2 S3 n ─┤	变频器的参数写入
IVBWR	├┤├─ IVBWR S1 S2 S3 n ─┤	变频器的参数成批写入

1）变频器的运行监视指令（IVCK）

IVCK 指令是在可编程控制器中读出变频器的运行状态指令的，IVCK 共有 4 个参数 S1、S2、D、n。第 1 个参数 S1 是变频器的站号，取值 0～31，三菱 PIC 最多可连 8 台变频器；第 2 个参数 S2 是变频器的指令代码（十六进制），如 H6F 是读取输出频率、H70 是读取输出电流、HFA 是写入运行指令、HED 是写入设定频率、HFD 是变频器复位；第 3 个参数 D 是读出值的软元件编号；第 4 个参数 n 是使用的通道，通常只用到通道 1，所以写 K1。

2）变频器的运行控制指令（IVDR）

IVDR 是将变频器运行所需的控制值写入到变频器的指令，和 IVCK 相似，IVDR 也有 4 个参数 S1、S2、S3、n。第 1 个参数 S1 是变频器的站号；第 2 个参数 S2 是变频器的指令代码；第 3 个参数 S3 是写入到变频器参数中的设定值，或是保存数据的软元件编号；第 4 个参数 n 是使用的通道，通常只用到通道 1，所以写 K1。

3）变频器的参数读取指令（IVRD）

IVRD 是将变频器运行时的参数值读到可编程控制器中的指令，和 IVCK 相似，IVRD 也有 4 个参数 S1、S2、D、n。第 1 个参数 S1 是变频器的站号；第 2 个参数 S2 是变频器的参数编号，如 A700 系列的参数 1 是上限频率、2 是下限频率、7 是加速时间、8 是减速时间等；第 3 个参数 D 是读出值的软元件编号；第 4 个参数 n 是选使用的通道，通常写为 K1。

4）变频器的参数写入指令（IVWR）

IVWR 是从可编程控制器向变频器写入参数值的指令，指令参数格式和范围同 IVCK。

5）变频器的参数成批写入指令（IVBWR）

IVBWR 是从可编程控制器向变频器成批写入参数值的指令，和 IVCK 相似，IVBWR 也有 4 个参数 S1、S2、S3、n。第 1 个参数 S1 是变频器的站号；第 2 个参数 S2 是变频器的参数编号；第 3 个参数 S3 是向变频器参数中写入的设定值，或是保存设定数据的软元件编号；第 4 个参数 n 是使用的通道。

2. 串行数据传送指令 RS

1）RS 指令的梯形图格式与用法

如图 2-18 所示，指令中（S.）用于指定传送缓冲区的首地址，（D.）用于指定接收缓冲区的首地址。发送数据指 PLC 向外部设备（计算机、打印机等）传送数据，接收数据是指外部设备向 PLC 传递数据，m 和 n 分别用于指令发送和接收数据的长度（也称点数）。

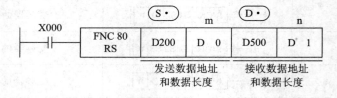

图 2-18　RS 指令的梯形图格式与用法

图 2-18 所示的梯形图中，若 X0 闭合，执行 RS 指令，指定 D200 和 D500 分别为发送和接收数据的首地址。若 D0 和 D1 值均为 K6，则发送数据地址是 D200~D205，接收数据地址是 D500~D505。把从 D200 起的 6 个数据发送到外部设备，将从外部设备接收来的 6 个数据放在 D500 开始的 6 个存储单元中。当只接收不发送数据时，将 m 设置为"K0"；当只发送不接收数据时，将 n 设置为"K0"即可。

2）通信格式 D8120

RS 传送的数据有指定的格式，该格式通过 D8120 这一特殊型数据寄存器来设定。D8120 的位定义信息见表 2-17，其格式包括了数据长度、波特率、校验位、停止位等。D8120 除了适用于 RS 指令外，还适用于计算机链接通信，因此在使用 RS 指令时，关于计算机链接通信的设定无效。三菱 PLC 可用 MOV 指令对 D8120 各位进行设置。

表 2-17　D8120 通信格式的位定义信息

信编号	名称	内容	
		0(位 OFF)	1(位 ON)
b0	数据长度	7 位	8 位
b1b2	奇偶校验	b2, b1 (0, 0)：无 (0, 1)：奇校验(000) (1, 1)：偶校验(EVEN)	
b3	停止位	1 位	2 位
b4b5b6b7	波特率(bD5)	b7, b6, b5, b4 (0, 0, 1, 1)：300 (0, 1, 0, 0)：500 (0, 1, 0, 1)：1, 200 (0, 1, 1, 0)：2, 400	b7, b6, b5, b4 (0, 1, 1, 1)：4, 800 (1, 0, 0, 0)：9, 600 (1, 0, 0, 1)：19, 200
b8	报头	无	有(D8124)初始值：STX(02H)
b9	报尾	无	有(D8125)初始值：ETX(03H)
b10b11	控制线	无协议	b11, b10 (0, 0)：无〈RS-232C 接口〉 (0, 1)：普通模式〈RS-232C 接口〉 (1, 0)：相互链接模式〈RS-232C 接口〉 　　　（F_{X2N} 的 Ver. 2.00 以上，F_{X3U}，F_{X2NC}，F_{X3UC}） (1, 1)：调制解调器模式〈RS-232C 接口，RS-485/RS-422 接口×2〉
		计算机链接	b11, b10 (0, 0)：RS-455/RS-422 接口 (1, 0)：RS-232C 接口
b12		不可以使用	
b13[1]	和校验	不附加	附加
b14[1]	协议	无协议	专用协议
b15[1]	控制顺序	协议格式 1	协议格式 4

＊1. 使用无协议通信时，请务必在"0"中使用；

＊2. 使用 RS-455/RS-422 接口时，只能在 F_{X1S}、F_{X0N}、F_{X1N}、F_{X2N}、F_{X3U}、F_{X1NC}、F_{X2NC}、F_{X3UC} 中使用。

假设用一台三菱 PLC 控制一台打印机，使用无协议通信时，利用 MOV 指令设置 PLC 的通信格式(D8120)＝ H0C97，则通信格式参照表 2-17 可以知道此通信格式的含义是：

采用了 RS 无协议通信，数据长度 8 位，偶校验，1 位停止位，波特率是 19 200 b/s，无起始符和终止符，控制线是 RS‑485 无协议通信模式。

3）RS 指令使用注意事项

应注意 D8120 通信格式只有在 RS 指令驱动时间内设置才有效果。当 RS 指令驱动后，即使更改了 D8120 设置也是无效的，可以用断开 PLC 的电源再打开的方法让 D8120 更新的值生效。

在使用 RS 指令无协议通信时用到的软元件见表 2‑18 和表 2‑19。

表 2‑18 使用 RS 指令无协议通信时用到的位元件

软元件编号	名　　称	内　　容
M8063	中串行通信出错（通道 1）	发生通信出错时置 ON。 当事行通信出错（M8063）为 ON 时，在 D8063 中保存出错代码
M8120	保持通信设定用	保持通信设定状态。（FX_{ON} 可编程控制器用）
M8121	等待发送标志位	等待发送时置 ON
M8122	发送请求	设置发送请求后，开始发送
M8123	接收结束标志位	接收结束时置 ON。当接收结束标志位（M8123）为 ON 时，不能再接收数据
M8124	载波检测的标志位	与 CD 信号同步置 ON
M8129[1]	判断超时的标志位	当接收数据中断，在超时时间设定（D8129）中设定的时间内，没有收到要接收的数据时置 ON
M8161	8 位处理模式	在 16 位数据和 8 位数据之间切换发送接收数据。 ON：8 位模式 OFF：16 位模式

[1]. FX_{ON}、FX_2（FX）、FX_{2C}、FX_{2N}（Ver. 2.00 以下）尚未对应。

表 2‑19 使用 RS 指令无协议通信时用到的字元件

软元件编号	名　　称	内　　容
D8063	显示出错代码	当串行通信出错（M8063）为 ON 时，在 D8063 中保存出错代码
D8120	通信格式的设定	可以设定通信格式
D8122	发送数据剩余点数	保存发送数据的乘余点数
D8123	接收点数的监控	保存已接收的数据的点数
D8124	报头	设定报头。初始值：STX（H02）
D8125	报尾	设定报尾。初始值：ETX（H03）
D8129[1]	超时时间的设定	设定超时时间
D8045[2]	显示通信参数	保存可编程控制器中设定的通信参数
D8419[2]	显示运行模式	保存正在执行的通信功能

[1]. FX_{ON}、FX_2（FX）、FX_{2C}、FX_{2N}（Ver. 2.00 以下）尚未对应；

[2]. 仅 FX_{3U}、FX_{3UC} 可编程控制器对应。

　　在 RS 指令中指定缓冲区时，要利用 M8161 选择是 8 位模式还是 16 位模式。当 M8161 为 OFF 时是 16 位模式，当 M8161 为 ON 时为 8 位通信模式（发送或接收只用到软元件的低 8 位）。

　　如图 2-19 所示，由于 M8161 为 ON，故为 8 位通信模式。当 X1 为 ON 时，执行 RS 指令。发送数据串由 STX 起始符、D100 低 8 位、D101 低 8 位、D102 低 8 位、终止符 ETX 组成。

　　RS 指令在程序中可以多次使用，但是在同一时刻只能有一个 RS 指令被驱动执行。在使用 RS 指令后，程序中不能再使用其他的通信指令。

图 2-19　8 位通信模式及发送数据的组成

　　如图 2-20 所示是用 RS 指令收发信息的典型程序，由于 M8161 为 OFF，故为 16 位通信模式，同时 RS 指令被执行，PLC 进入接收等待状态。当 X1 脉冲信号为 ON，开始向外设发送从 D100 开始的 3 个数据，发送结束时 M8122 自动复位。M8123 是接收完成标志，当其为 ON 时，先把接收到的数据（D200～D202）传送到（D10～D12），再对 M8123 复位。

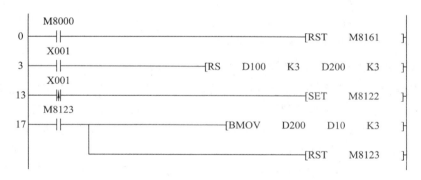

图 2-20　RS 指令收发信息典型程序

3. HEX→ASCII 码指令 ASCI

　　将十六进制字符转换成 ASCII 码的功能指令是 ASCI，其典型用法如图 2-21 所示。

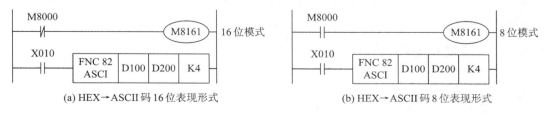

（a）HEX→ASCII 码 16 位表现形式　　　　　　　（b）HEX→ASCII 码 8 位表现形式

图 2-21　ASCI 指令典型用法

假设（D100）＝0ABCH，在图2-21（a）中，当X010位为ON时，将4个十六进制字符0ABC转换成对应的ASCII码，向目标元件D200、D201的低8位、高8位传送。程序的执行结果是：（D200）＝（H41 H30）＝16688，（D201）＝（H43 H42）＝17218。

假设（D100）＝0ABCH，在图2-21（b）中，当X010位为ON时，将4个十六进制字符0ABC转换成对应的ASCII码，向目标元件D200～D203的低8位传送（D200～D203的高8位为0）。程序的执行结果是：（D200）＝（H30）＝48，（D201）＝（H41）＝65，（D202）＝（H42）＝66，（D203）＝（H43）＝67。

4. 校验码指令CCD

在通信的串行传输过程中，由于干扰的存在，可能会使某个0变为1，某个1变成0，也就是所谓的误码。发现传输过程中的这种错误，称为出错校验或者检错。最常见的检错方法是奇偶校验。

奇校验就是所有传送的数位中，1的个数为奇数。例如，8位数据中1的个数和为奇数，加上一个0，还是奇数，所以检验位是0；如果8位数据中1的个数和为偶数，加上一个1，变成奇数，所以校验位就是1。

偶校验就是所有传送的数位中，1的个数为偶数。例如，8位数据中1的个数和为奇数，加上一个1，变成偶数，所以检验位是1；如果8位数据中1的个数和为偶数，加上一个0，还是偶数，所以校验位就是0。

CCD指令的作用是对一个字节的数据堆栈，从其首地址（S.）开始对整个数据堆栈求和并对各个字节进行位组合的水平校验。将数据堆栈的总和放到目标元件（D.）中，其检验结果存放到（D.）＋1中。水平校验针对数据堆栈中对应位数1的个数，1的个数如果为奇数，则校验值为1；1的个数如果是偶数，则检验值为0。具体用法可详见FX系列微型可编程控制器编程手册［基本·应用指令说明书］。

5. 变频器通信指令与传统的RS无协议通信指令的比较

变频器通信指令与传统的RS无协议通信指令在本质上都是基于RS485无协议通信方式，但RS指令在一台可编程控制器同时控制多台变频器时有很大的局限性。

首先，在1个PLC的扫描周期里只允许有1条RS指令被驱动，同时这条RS指令中必须指明和PLC进行数据交换的变频器的站号以及读写要求，当要求多台变频器同步启停、变频时，用RS指令必须使驱动条件依次有效，显然实现起来很不方便。变频器通信指令在一个程序中可以多次使用，当驱动条件有效时，会依次执行被驱动的读写操作，即使两条指令同时被驱动，也是一条指令被执行，另一条指令被挂起等待，不会出错。

其次，利用RS无协议指令要考虑具体的协议内容，如握手信号、站号和校验等，程序较复杂。变频器通信指令不用考虑协议的内容，只需给定站号和数据即可按要求自动进行读写操作，程序简单。

2.5.5　三菱变频器协议（计算机链接通信）

1. 通信规格

三菱变频器E700的通信规格见表2-20。

表 2 - 20　E700 变频器的通信规格

项　　目		内　　　容	相关参数
通信协议		三菱协议(计算机链接)	Pr. 549
依据标准		EIA - 485(RS - 485)	—
连接台数		1 : N(最多 32 台)、设定为 0~31 站	Pr. 117
通信速率	PU 接口	4800/9600/19 200/38 400 b/s 可选	Pr. 118
控制步骤		起止同步方式	—
通信方法		半双工方式	—
通信规格	字符方式	ASCII(7 b/8 b 可选)	Pr. 119
	起始位	1 b	—
	停止位长	1 b/2 b 可选	Pr. 119
	奇偶校验	有(奇数、偶数)无可选	Pr. 120
	错误校验	求和校验	—
	终端器	CR/LF(有无可选)	Pr. 124
等待时间设定		有无可选	Pr. 123

2. 通信步骤

计算机与变频器之间的数据通信以 ASCII 码形式进行传输。

计算机(此处指 PLC)与变频器之间的数据通信执行过程如图 2 - 22 所示,大体分以下五个步骤执行。

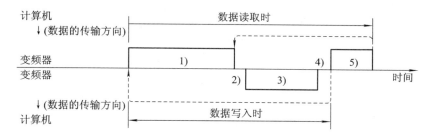

图 2 - 22　计算机与变频器之间数据通信过程示意图

(1) 从计算机发送数据到变频器。

如图 2 - 23 所示,写入数据时可以根据通信的需要,选择使用格式 A、A′ 或者 A″。读出数据时,使用格式 B 进行。

(2) 变频器数据处理时间。

变频器数据处理时间根据变频器参数 Pr. 123 选择。若 Pr. 123 = 9999,表示由通信数据设定其等待时间;若 Pr. 123 = 0~150 ms,则表示由该参数设定其等待时间。

(3) 从变频器返回数据到计算机。

如图 2 - 24 所示,写入数据时可以根据通信的需要,选择使用格式 C 或者 D。读取数据时,使用格式 E、E′、E″ 或者 D 进行。

格式	字符数														
	1	2	3	4	5	6	7	8	9	10	11	12	13	14	15
A（数据写入）	ENQ *1	变频器站号 *2		命令代码		等待时间 *3	数据				求和校验		*4		
A′（数据写入）	ENQ *1	变频器站号 *2		命令代码		等待时间 *3	数据		求和校验		*4				
A″（数据写入）	ENQ *1	变频器站号 *2		命令代码		等待时间 *3	数据						求和校验		*4
B（数据读取）	ENQ *1	变频器站号 *2		命令代码		等待时间 *3	求和校验		*4						

*1：表示控制码。

*2：变频器的站号可以用十六进制在 H00～H1F（00～31 站号）之间设定。

*3：当 Pr.123 不等于 9999 时，建立通信请求数据时将数据格式的"响应时间"字节取消（字符数减少 1）。

*4：表示 CR 回车或 LF 换行。部分计算机可以自动设定数据组的末尾的 CR 及 LF，因此变频器的设置也必须根据计算机来调整，也可以通过 Pr.124 选择有无 CR、LF 控制码。

图 2-23　步骤(1)对应的数据格式类型

* 写入数据时

格式	字符数				
	1	2	3	4	5
C（无数据错误）	ACK *1	变频器站号 *2		*4	
D（有数据错误）	NAK *1	变频器站号 *2		错误代码	*4

* 读取数据时

格式	字符数												
	1	2	3	4	5	6	7	8	9	10	11	12	13
E（无数据错误）	STX *1	变频器站号 *2		读取的数据				ETX *1	求和校验		*4		
E′（无数据错误）	STX *1	变频器站号 *2		读取的数据		ETX *1	求和校验		*4				
E″（无数据错误）	STX *1	变频器站号 *2		读取的数据						ETX *1	求和校验		*4
D（有数据错误）	NAK *1	变频器站号 *2		错误代码	*4								

注意：*1、*2 和 *4 的含义同图 2-23。

图 2-24　步骤(3)对应的数据格式类型

（4）计算机的处理延迟时间。

（5）计算机根据步骤（3）的返回数据应答变频器。

如图 2 - 25 所示，无数据错误可以选择格式 C，若有数据错误则选择格式 F。

格式	字符数			
	1	2	3	4
C （无数据错误）	ACK *1	变频器站号	*2	*4
F （有数据错误）	NAK *1	变频器站号	*2	*4

图 2 - 25　步骤（5）对应的数据格式类型

3. 数据说明

1）控制码

控制码含义见表 2 - 21。

表 2 - 21　控制码含义

信号名	ASCII 码	内　　　容
STX	H02	Start Of Text（数据开始）
ETX	H03	End Of Text（数据结束）
ENQ	H05	Enquiry（通信请求）
ACK	H06	Acknowledge（无数据错误）
LF	H0A	Line Feed（换行）
CR	H0D	Carriage Return（回车）
NAK	H15	Negative Acknowledge（有数据错误）

2）变频器的站号

指定与计算机进行通信的变频器的站号，在 H00～H1F（00～31 站号）之间设定。

3）命令代码

指定计算机对变频器发出的运行、监视等处理请求的内容。通过响应的命令代码，变频器可以进行各种运行、监视操作。

4）数据

数据表示与变频器传输的数据，比如频率等。可以按照命令代码确认数据的含义和设定范围。

5）等待时间

规定变频器收到从计算机（PLC）来的数据和发送回复应答数据之间的等待时间。根据计算机的响应时间在 0～150 ms 之间以 10 ms 为单位进行设定（如 1 表示 10 ms，2 表示 20 ms），如图 2 - 26 所示。

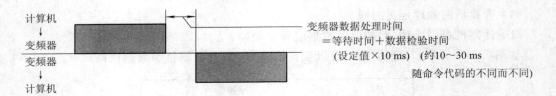

图 2-26　等待时间

6）求和校验码

由被校验的 ASCII 码数据的总和（二进制）的最低一个字节（8 位）表示的两个 ASCII 码数字（十六进制），如图 2-27 所示。

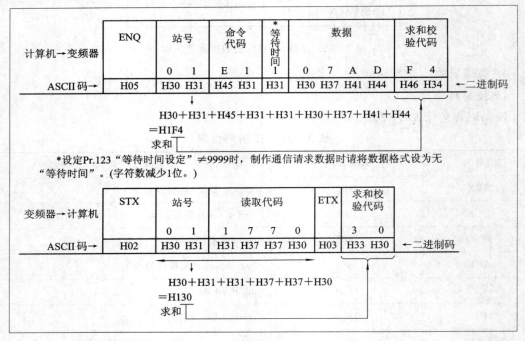

图 2-27　求和校验码计算方法

2.5.6　变频器运行常用的指令代码

变频器运行指令代码的具体含义见表 2-22，变频器运行监视项目和含义见表 2-23，变频器运行控制项目和含义见表 2-24。

表 2-22　变频器运行指令代码含义

项目	命令代码	位长	说　　明
运行指令	HFA	8 b	b0：AU（电流输入选择）＊3 b1：正转指令 b2：反转指令 b3：RL（低速指令）＊1、＊3 b4：RM（中速指令）＊1、＊3 b5：RH（高速指令）＊1、＊3 b6：RT（第 2 功能选择）＊3 b7：MRS（输出停止）＊1、＊3

续表

项目	命令代码	位长	说　　明
运行 指令 （扩展）	HF9	16 b	b0：AU（电流输入选择）＊3 b1：正转指令 b2：反转指令 b3：RL（低速指令）＊1、＊3 b4：RM（中速指令）＊1、＊3 b5：RH（高速指令）＊1、＊3 b6：RT（第 2 功能选择）＊3 b7：MRS（输出停止）＊1、＊3 b8：—　　　　　b9：— b10：— b11：RES（复位）＊2、＊3 b12：—　　　　b13：— b14：—　　　　b15：—

表 2－23　变频器运行监视项目和含义

项目	读出内容	指令代码	说　　明
变频器运 行监视 （PLC 读取 变频器中 的数据）	运行模式	H7B	H0000：通信选项运行；H0001：外部操作； H0002：通信操作（PU 接口）
	输出频率（速度）	H6F	H0000～HFFFF：输出频率（十六进制）最小单位为 0.01 Hz
	输出电流	H70	H0000～HFFFF：输出电流（十六进制）最小单位为 0.1 A
	输出电压	H71	H0000～HFFFF：输出电压（十六进制）最小单位为 0.1 V
	特殊监控	H72	H0000～HFFFF：指令代码 HF3 选择监控数
	特殊监控选择编号	H73	H01～H0E 监控数据选择
	异常内容	H74	H74～H77 都是异常内容的指令代码
	变频器状态监控	H7A	b7　　　　　　　　　　　　　　　　　　b0 | 0 | 1 | 1 | 1 | 1 | 0 | 1 | 0 | b0：变频器正在运行　b2：反转　b4：过负载　b6：频率达到 b1：正转　　b3：频率达到　b5：瞬时停电　b7：发生报警
	读出设定频率 E²PROM	H6E	读出设定频率（RAM）或（E²PROM） H0000～H9C40：最小单位为 0.01 Hz（十六进制）
	读出设定频率 RAM	H6D	

表 2 - 24 变频器运行控制项目和含义

项目	写入内容	指令代码	说　明
变频器运行控制（PLC写入数据到变频器中）	运行模式	HFB	H0000：通信选项运行；H0001：外部操作；H0002：通信操作（PU接口）
	特殊监控选择编号	HF3	H01～H0E 监控数据选择
	运行指令	HFA	b7　　　　　　　　　　　　　　　　　　　b0 | 0 | 1 | 0 | 0 | 1 | 1 | 0 | 0 | b1：正转（STF）H02　　　b2：反转（STR）H04
	写入设定频率 EEPROM	HEE	H0000～H9C40：最小单位为 0.01 Hz（十六进制）（0～400.00 Hz），频繁改变运行频率时，则写入到变频器的 RAM（指令代码：HED）
	写入设定频率 RAM	HED	
	变频器复位	HFD	H9696：复位变频器。当变频器有通信开始由计算机复位时，变频器不能发送回应数据给计算机
	异常内容清除	HF4	H9696：异常历史的一次性清除
	清除全部参数	HFC	根据设定的数据不同，有四种清除操作方式：当执行 H9696 或 H9966 时，所有参数被清除，与通信相关的参数设定值也返回到出厂设定值，当重新操作时，需要设定参数
	用户清除	HFC	H9669：进行用户清除

2.5.7　实训操作：通过 RS - 485 实现单台电动机的变频运行

1. 实训目的

（1）掌握 PLC 与变频器的 RS - 485 通信的数据传输格式。

（2）掌握 PLC 与变频器的 RS - 485 通信的通信设置。

（3）掌握 PLC 与变频器的 RS - 485 通信的有关参数的确定。

（4）会利用 PLC 与变频器的 RS - 485 通信解决简单的实际工程问题。

2. 实训任务

设计一个通过 RS - 485 通信实现单台电动机变频运行的控制系统，并在实训室完成调试，具体控制要求如下：

（1）利用变频器的指令代码表进行 PLC 与变频器的通信；

（2）使用 PLC 输入信号，通过 PLC 的 RS - 485 总线控制变频器的正转、反转、停止。

3. 设计思路

采用 FX₃ᵤ PLC 与变频器的 RS - 485 通信方式进行控制，重点是要进行变频器通信参数的设置和 PLC 与变频器通信程序设计。提供两种思路，第一种是通过 RS 指令执行变频器控制无协议数据通信功能，另一种是使用 FX₃ᵤ PLC 的变频器通信指令（IVDR 等）实现 PLC 与变频器的通信。

在和变频器进行通信之前，必须要设定好相关的变频器参数。不同系列的变频器和不同端口的通信参数有所不同。表 2 - 25 列出了 E700 变频器与通信有关的参数设定。

表 2 - 25　E700 变频器通信参数设置

参数号	名称	设定值	备　注	
Pr.117	PU 通信站号	0	变频器站号为 0	
Pr.118	通信速率	192	通信速率为 19 200 b/s	
Pr.119	PU 通信停止位长	1	停止位长	数据位长
			2 b	8 b
Pr.120	PU 通信奇偶校验	2	偶校验	
Pr.121	PU 通信再试次数	9999	即使发生通信错误变频器也不会跳闸（试运行时设置为 9999），正常运行时设置为 1～10 间的数值	
Pr.122	PU 通信校验时间间隔	9999	通信检查终止	
Pr.123	PU 通信等待时间设定	2	设定向变频器发出数据后信息返回的等待时间，2 表示 20 ms	
Pr.124	PU 通信有无 CR/LF 选择	0	无 CR、LF	
Pr.79	协议选择	0	上电时外部运行模式	

需要注意的是在设定变频器参数前，必须要将变频器进行初始化操作。变频器参数设定完成后，可以采用断电再上电的方式进行复位操作。如果改变变频器与通信相关的参数之后没有进行复位，则通信将无法进行。

4. 程序设计

1）使用 RS 指令执行变频器控制无协议数据通信

（1）先对通信格式 D8120 进行设置。不妨设置（D8120）＝H009F，该值表示数据长度为 8 位、偶校验、2 位停止位、波特率是 19 200 b/s、无报头、无报尾、使用 RS 无协议通信。

（2）PLC 命令数据 ASCII 码。PLC 写入数据到变频器中，可以进行运行模式（HFB）、运行指令（HFA）、写入设定频率（HED）、变频器复位（HFD）、清除全部参数（HFC）等运行控制操作，部分常用数据码见表 2 - 26。

表 2 - 26　PLC 命令数据 ASCII 码

名　称	正转（H02）	反转（H04）	停止（H00）
变频器操作命令 ASCII 码	H30	H30	H30
	H32	H34	H30

（3）实现正转功能的参考程序，如图 2 - 28 所示。

（4）在参考图 2 - 28 的基础上，使用变频器反转和停止的变频器操作命令 ASCII 码，就可以编写出反转和停止程序梯形图。

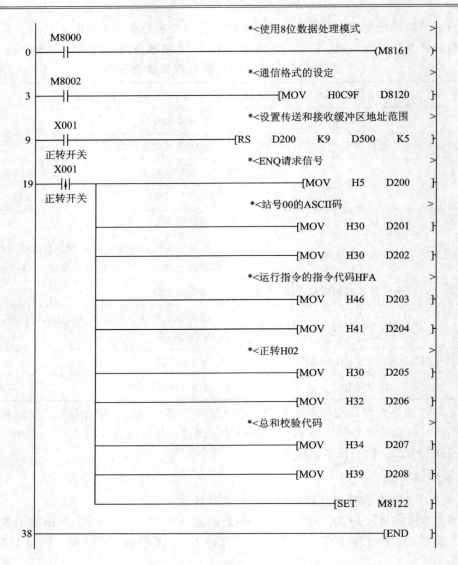

图 2-28　电动机正转运行程序

2）使用 FX_{3U} PLC 的变频器通信指令实现变频器通信

有关通信的参数设定见表 2-27。这里要注意的是 Pr.119 参数，规定了设置值为 10（数据长度是 7，1 为停止位）。

表 2-27　采用三菱变频器协议进行通讯要设置的参数（连接 PU 端口）

参数编号	参数项目	设定值	设定内容
Pr.117	PU 通信站号	00～31	最多可以连接 8 台
Pr.118	PU 通信速度（波特率）	48	4800 b/s
		96	9600 b/s
		192	19 200 b/s（标准）
Pr.119	PU 通信停止位长度	10	数据长度：7 位/停止位：1 位

续表

参数编号	参数项目	设定值	设定内容
Pr.120	PU 通信奇偶校验	2	2：偶校验
Pr.123	设定 PU 通信的等待时间	9999	在通信数据中设定
Pr.124	选择 PU 通信 CR，LF	1	CR：有，LF：无
Pr.79	选择运行模式	0	上电时外部运行模式
Pr.549	选择协议	0	三菱变频器(计算机链接)协议
Pr.340	选择通信启动模式	1 或 10	1：网络运行模式 10：网络运行模式 PU 运行模式和网络运行模式 可以通过操作面板进行更改

参考程序见图 2-29，该程序使用了 IVDR 命令，通过 FX$_{3U}$ PLC 将变频器运行所需要的控制值(正转 H02、反转 H04 和停止 H00)写入到变频器中。

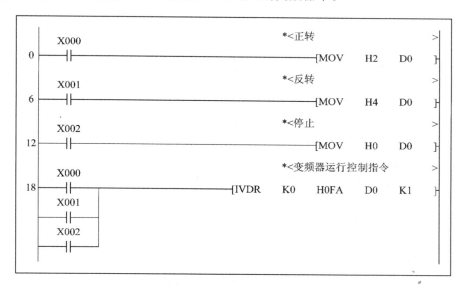

图 2-29　电动机正转、反转、停止运行程序

思　考　题

1. 利用 RS 指令，实现 PLC 与变频器 485 串行口的通信控制变频器的反转运行。要求：X0 小开关反转控制，等待时间由变频器设定为 10 ms，8 位处理模式。通信参数设变频器站号为 1，波特率为 19 200 b/s，数据位 7 位，停止位 1 位，偶校验。

2. 简述 CCD 指令和 ASCI 指令的用法。

3. 简述 PLC 与变频器之间的数据通信协议执行的五个步骤。

4. 写出利用 RS 指令收发信息的程序。

5. 若 D8120＝H009F，请写出该值各位相应的含义。

第 3 章　软 启 动 器

3.1　软启动器概述

三相笼型异步电动机因具有结构简单、运行可靠、维修方便、价格便宜等优点而被广泛应用于工农业和交通运输等领域。随着各领域生产机械的不断更新和发展，对电动机的启动性能要求越来越高，主要包括以下四点：

（1）要求电动机有较大的启动转矩，可以带负载启动，并且有良好的机械特性曲线；

（2）启动电流要尽可能小；

（3）启动设备要尽可能简单、经济、可靠、易维护；

（4）启动过程中能源消耗要尽可能少。

一般三相异步鼠笼型电动机有两种启动方式：直接启动方式和降压启动方式。

电动机直接启动时，启动电流可高达电动机额定电流的 5～7 倍或更大。当电动机的容量相对较大时，该启动电流会引起电网电压的急剧下降，对电网有冲击，会影响机械设备的寿命或造成严重故障，也能影响同电网其他设备的正常运行，从而带来经济上较大的损失。受电网容量的限制也为了保护其他用电设备正常工作，应该对电动机的启动过程加以控制。

传统降压启动方式中常见的有定子绕组串接电阻降压启动、自耦变压器降压启动、星形—三角形降压启动、延边三角形降压启动等。这些降压启动方法虽然部分缓解了大容量电动机在较小容量电网上启动时的矛盾，但是它们只是相对减小了大电流的冲击。

传统启动方式的缺点主要包括以下三点：

（1）启动转矩固定不可调节，启动过程中存在较大的冲击电流，使被拖动负载受到较大的机械冲击。

（2）易受电网电压波动的影响，一旦出现电网电压波动，会造成启动困难甚至使电动机堵转。

（3）停止时由于都是瞬间断电，所以将会造成剧烈的电网电压波动和机械冲击。

从 20 世纪 70 年代开始，软启动器的诞生解决了传统启动方式的问题。软启动器（IEC标准中称之为"交流半导体电动机控制器和启动器"）是一种新型节能设备，利用晶闸管交流调压技术实现降压启动，既能改变电动机的启动特性保护拖动系统，又能保证电动机可靠启动，降低启动冲击。

在一些对启动要求较高的场合，建议选用软启动器。

3.1.1　三相异步电动机的机械特性与启动特性

1. 三相异步电动机的机械特性

若电源电压是额定电压，则电动机的电磁转矩和转差率之间的关系 $T_e = f(s)$ 称为转矩-转差率特性(电磁转矩特性)。

由电机学相关知识可知:

$$T_e = \frac{3p}{2\pi f_1} \cdot \frac{U_1^2 \dfrac{r_2'}{s}}{\left(r_1 + \dfrac{r_2'}{s}\right)^2 + (x_1 + x_2')^2} \qquad (3-1)$$

式(3-1)中定子的相电压 U_1、电网频率 f_1、定子每相绕组的电阻 r_1、折算到定子边的转子电阻 r_2'、定子每相绕组的漏抗 x_1 以及折算到定子边的转子漏抗 x_2' 都是不随转差率 s 变化的常量。

把不同的转差率 s 带入式(3-1),计算得到对应的电磁转矩 T_e,便可以得到转矩-转差率曲线,如图 3-1 所示。

电动机的机械特性指的是电磁转矩和转速之间的关系曲线,如图 3-2 所示。显然,把电磁转矩特性曲线旋转 $90°$,然后利用公式 $n = n_s(1-s)$ 把转差率转换为对应的转速 n,即可得到机械特性曲线。

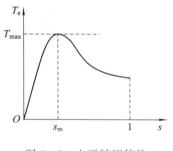

图 3-1　电磁转矩特性

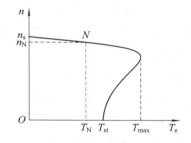

图 3-2　机械特性曲线

2. 三相异步电动机的最大转矩和启动转矩

从图 3-2 可以看出,该曲线有一个转矩的最大值。令 $\dfrac{dT}{ds} = 0$,则可求出产生最大电磁转矩 T_{max} 时的转差率 s_m(临界转差率)为

$$s_m = \pm \frac{r_2'}{\sqrt{r_1^2 + (x_1 + x_2')^2}} \qquad (3-2)$$

将 s_m 带入式(3-1),得到

$$T_{max} = \pm \frac{3p}{4\pi f_1} \cdot \frac{U_1^2}{\left[\pm r_1 + \sqrt{r_1^2 + (x_1 + x_2')^2}\right]} \qquad (3-3)$$

式(3-3)中,±里的正号表示处于电动机状态,负号表示处于发电机状态。

过载能力是最大转矩和额定转矩的比值,反映了电动机短时过载的极限。一般电动机的过载能力在 $1.6 \sim 2.2$ 之间,冶金、起重专用的电动机的过载能力在 $2.2 \sim 2.8$ 之间。

从式(3-3)可以看出,在其他参数一定时:

(1) 当电动机各参数及电源参数不变,T_{max} 与电源电压 U_1^2 成正比,但是 s_m 和 U_1 无关。

(2) 当电源电压和频率不变时,s_m 与 T_{max} 都近似和定转子漏抗之和 $(X_{1\sigma} + X_{2\sigma})$ 成反比。

（3） T_{max} 值和转子电阻值无关。s_m 与转子电阻 r_2' 成正比，改变转子电阻的大小可以改变产生最大转矩的转差率，因此选择不同的转子电阻值，可以在某一特定的转速使电动机产生的转矩最大。

（4）频率越高，T_{max} 值越小；漏抗越大，T_{max} 值越小。

除了最大转矩 T_{max} 之外，电动机还有一个重要参数启动转矩 T_{st}。启动转矩是异步电动机接通电源开始启动时的电磁转矩。启动转矩反映了异步机带负载启动时的性能，启动转矩与额定电磁转矩之比称作启动转矩倍数 K_T，即

$$K_T = \frac{T_{st}}{T_N}$$

K_T 通常在 $1.7 \sim 2.2$ 之间。只有电机的启动转矩 T_{st} 大于电动机的负载阻转矩 T_L 时，电动机才能启动。

将 $s=1$（即 $n=0$）代入式（3-1），得到

$$T_{st} = \frac{3p}{2\pi f_1} \frac{U_1^2 r_2'}{(r_1 + r_2')^2 + (x_1 + x_2')^2} \tag{3-4}$$

由式（3-4）可以知道，当其他参数一定时：

（1）启动转矩 T_{st} 仅和电动机本身的参数和电源有关，是在一定条件下电动机本身的一个参数，与电动机带的负载无关。对于笼型异步电动机来说，在额定电压下 T_{st} 是一个定值。

（2）启动转矩 T_{st} 和电源电压 U_1^2 成正比。

（3）当 U_1、f_1 一定时，定转子漏抗之和 $(x_1 + x_2')$ 越大，T_{st} 就越小。

（4）频率越高，T_{st} 就越小。

3. 三相笼型异步电动机的启动

所谓电动机启动，就是让电动机从静止状态启动起来，启动的过程就是让电动机从静止状态加速到某一稳定转速的过程。

生产机械对异步电动机的启动性能的要求是：启动电流要小以减小对电网的冲击；启动转矩要大以加速启动过程。

三相笼型异步电动机的固有启动性能不理想，实际的启动电流大但要求启动电流小；实际启动转矩不大但负载要求有足够的启动转矩。因此要改善三相异步电动机的启动性能，关键就是在于限制启动电流，增大启动转矩。同时，也要求启动设备尽可能简单、便宜且易于操作和维护。

一般电网容量下，对于小容量异步电动机（$P_N \leqslant 7.5$ kW）来说，可以直接启动（全压启动）。当然，如果电网容量大，只要能满足式（3-5），则也可以让容量较大的电动机直接启动。

$$\frac{I_{st}}{I_N} \leqslant \frac{3}{4} + \frac{电源变压器容量(kVA)}{4 \times 电动机功率(kW)} \tag{3-5}$$

式（3-5）是在工程实践中用的经验公式。$K_I = I_{st}/I_N$ 是三相笼型异步电动机的启动电流倍数，具体数值可以根据电动机的型号和规格在产品手册中查到。随着电网容量的快速增大，直接启动的适用范围也越来越大。

如果不满足式（3-5），则可以考虑采用降压启动的方法。

在启动时，若忽略励磁电流，根据感应电动机近似等效电路可以知道，定子电流 $I_1 \approx$ 转子电流的折算值 I_2'，即

$$I_1 \approx I_2' = \frac{U_1}{\sqrt{\left(r_1 + \dfrac{r_2'}{s}\right)^2 + (x_1 + x_2')^2}} \qquad (3-6)$$

启动瞬间，$s=1$，因此式(3-6)就可变为

$$I_{st} = \frac{U_1}{\sqrt{(r_1 + r_2')^2 + (x_1 + x_2')^2}} \qquad (3-7)$$

根据式(3-6)，绘制出三相异步电动机电流和电动机转速的关系曲线 $n = f(I)$，如图 3-3 所示，在该图中，把机械特性曲线也一并画出了。

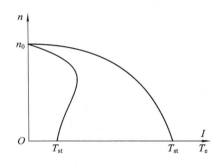

图 3-3　电动机直接启动时电流和转速的关系曲线

由式(3-7)可以知道，当其他参数一定时：

(1) 电动机的启动电流 I_{st} 和定子电压成正比。

(2) 因为电压高，漏阻抗小，所以直接启动电流很大。

3.1.2　三相笼型异步电动机的降压启动

对于笼型异步电动机而言，因其本身无法外接阻抗，为了限制其启动电流，只能在定子电路中采取方法，如在定子电路中串联电阻或者电抗、用自耦变压器或者改变定子绕组的接法降低每相绕组上的电压等。这些方法都是靠降低电动机启动时加到定子上的电压来限制启动电流的，均可以称为降压启动。

所以降压启动并不是降低电源电压，而是采用某种方法使加在电动机定子绕组上的电压降低。降压启动可减少启动电流，但由式(3-4)可知同时也会降低启动转矩，因此该方法只适用于对启动转矩要求不高的场合。

1) 定子串电阻或电抗的降压启动

定子串电阻降压启动原理图见图 3-4(a)，启动时，闭合开关 QS1，电动机开始启动。此时在定子电路中串入了电阻 R，较大的启动电流在 R 上产生较大的压降，使加在电动机定子绕组上的相电压低于定子绕组的额定电压，限制了启动电流，待电动机启动完毕，再将串入定子绕组中的电阻切除，使电动机在额定电压下正常运行。定子串电抗降压启动原理图见图 3-4(b)，过程同定子串电阻降压启动。

一般采用定子串电阻启动电动机，启动时加在定子绕组上的电压约为全电压启动的 0.5 倍左右，启动转矩约为额定电压启动转矩的 0.25 倍左右，因此只适用于对于启动转矩要求不高的场合。

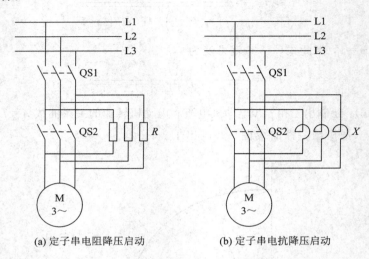

(a) 定子串电阻降压启动　　　　(b) 定子串电抗降压启动

图 3-4　定子串电阻/电抗降压启动

电抗器体积大、重量大、启动特性固定，一般采用定子串电抗启动电动机，这样使得启动转矩和功率因数都降低很多，因此只适用于空载和轻载启动。

定子串电阻或电抗降压启动的优点：具有启动平衡、运行可靠、设备较简单等优点。

定子串电阻或电抗降压启动的不足之处：启动转矩随电动机定子相电压的平方降低，启动转矩小。

定子串电阻或电抗降压启动的适用范围：只适合空载或轻载启动。定子串电阻启动能耗大，只在电动机容量较小时使用，容量较大的电动机可用定子串电抗启动。

2）星三角降压启动

电动机启动时定子绕组连成星形，启动后转速升高，当转速基本达到额定值时再切换成三角形连接的启动方法。因此，这种方法适用于正常运行时绕组为三角形联结的电动机。

星三角启动主电路如图 3-5 所示。启动时先闭合断路器 QF，利用控制电路让接触器 KM 和 KM_Y 的主触头均闭合，让电动机处于星型启动，定子相电压是额定线电压 U_{1N} 的 $1/\sqrt{3}$ 倍，启动电流和启动转矩均下降为直接启动时的 1/3。当电动机转速升至正常运行转速时，让接触器 KM_Y 的主触头断开，同时使接触器 $KM_\triangle$ 的主触头闭合，让电动机处于三角形连接状态，每相绕组所加电压即为额定电压 U_{1N}。

星三角降压启动的优点：启动电流小、启动设备简单、价格便宜、操作方便。

星三角降压启动的不足之处：启动转矩小；电动机的 6 个端子都要引出，对于高压电动机有一定的困难。

星三角降压启动的适用范围：适用于 30 kW 以下低压电动机（正常运行为三角形联结）进行空载或者轻载启动。

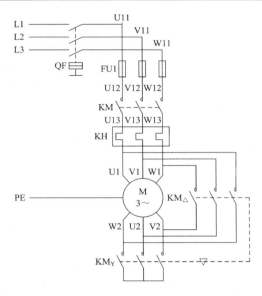

图 3-5 星三角启动主电路

3）自耦变压器降压启动

自耦变压器降压启动利用自耦变压器将电动机在启动过程中的端电压降低，以达到减小启动电流的目的。

如图 3-6 所示为异步电动机自耦变压器降压启动接线图，启动时开关 QS1 闭合，把 QS2 开关打到启动位置，电动机的电子绕组通过自耦变压器 T 接到三相电源上，自耦变压器一次绕组全压，电动机定子绕组仅为抽头部分的电压，电动机降压启动。待转速上升到接近稳定值时，把 QS2 开关打到运行位置，自耦变压器和电动机切除让电动机在全压下正常运行，启动结束。

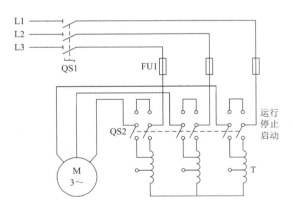

图 3-6 异步电动机自耦变压器降压启动接线图

启动自耦变压器副边一般有三个抽头，如常见的 QJ2 和 QJ3 两种系列自耦变压器，可根据允许的启动电流和所需要的启动转矩进行选用。QJ3 型自耦变压器有 40%、60%、80% 三种抽头，QJ2 型自耦变压器有 55%、64% 和 73% 三种抽头，使用时根据电动机启动转矩的要求具体选择。

自耦变压器降压启动的优点：具有不同的抽头，可以根据启动转矩的要求，比较方便地得到不同的电压。

自耦变压器降压启动的不足之处：分级启动，设备体积大、重量大、成本高。

自耦变压器降压启动的适用范围：适用于启动控制容量较大的低压电动机或不能用星三角降压启动的异步电动机。

3.2　软启动器的结构和工作原理

无论是定子电路中串联电阻/电抗启动、自耦变压器启动还是星三角启动，都可以称之为硬启动。硬启动可以减小电动机的启动电流，但是当电动机从较低电压变为全压运行时，电动机转矩会有一个跳跃过程，属于非平滑启动方式，因此硬启动会对电网或者机械设备带来一定的冲击。

软启动器是一种集软启动、软停车、轻载节能和多功能保护于一体的电机控制设备，它采用无极降压启动方式，能有效限制异步电动机启动时的启动电流，广泛应用于风机、水泵、传送皮带、升降机、压缩机及搅拌机负载，是传统星三角降压、自耦降压等降压装置的理想换代产品。

软启动器主要有电子式、磁控式和自动液体电阻式等类型，电子式以晶闸管调压式为多数。

软启动器基本结构是一组串接于电源与被控电动机之间的三相反并联晶闸管及其电子控制电路，利用晶闸管移相控制原理，控制三相反并联晶闸管的导通角，使被控电动机的输入电压按不同的要求而变化，从而实现不同的启动功能。

软启动器实际上是一个晶闸管交流调压器，通过改变晶闸管的触发角，就可调节晶闸管调压电路的输出电压了。

3.2.1　软启动器的基本结构

如图 3-7 所示，软启动器主要由晶闸管交流调压电路、电源电压同步检测电路、触发角控制和调节电路、晶闸管门极触发电路、反馈量检测电路等组成。

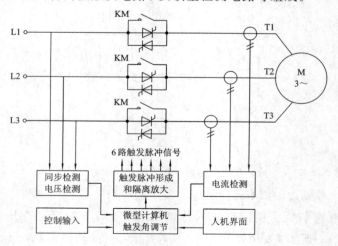

图 3-7　软启动器的结构框图

由晶闸管等组成三相交流调压电路，每组晶闸管模块由两个反并联的晶闸管组成，其中一只晶闸管用于正半周导通，另一只用于负半周导通。其基本原理是通过控制晶闸管的导通角，将施加到电动机定子绕组上的电压值从较低的启动电压平滑上升至额定电压，以达到控制异步电动机启动电流和启动转矩的目的，实现启动调压控制。

电源电压同步检测电路可将同步信号取自三相交流电源并保持与电源相序一致，同时将其电压降低，作为同步电压信号，送入微处理模块。

隔离输入则通过光耦把启动、停止等信号送入到微处理模块内。

电流检测的作用是检测晶闸管输出至电动机的电流信号并送入到微处理模块。

微处理器的作用是接受输入的各种信号，如电流、电压、开关信号等；存储、处理用户设定的数据；输出触发脉冲、控制继电器动作并与其他设备通信等。

触发角控制和调节电路是软启动器的核心部分，来自电源同步检测环节的信号和来自反馈量（电流、电压等）检测环节的信号均送入其中，对信号进行处理和计算之后输入晶闸管的触发控制和调节信号。

人机界面则通过键盘按钮和显示触摸屏等以菜单形式设定各种参数、显示运行信息和故障信息等。

3.2.2　软启动器的工作原理

以欣灵 XLR5000 系列软启动器为例，如图 3-8 所示为其基本接线图，断路器 QF 用于电源通断控制；旁路交流接触器 KM 用于电动机启动后代替软启动器为电动机正常运转提供额定电压，降低软启动器的热损耗，延长软启动器的使用寿命，提高工作效率。

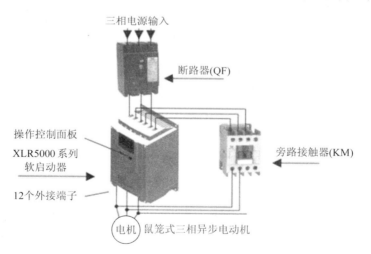

图 3-8　软启动器基本接线示意图

当 QF 断路器闭合，电机通过软启动器启动，电机端电压随晶闸管的导通角从零逐渐上升，电动机逐渐加速，直到晶闸管全导通，电动机工作在额定电压的机械特性上，实现平滑启动，降低启动电流，避免启动过电流跳闸。待电动机达到额定转数时，启动过程结束，软启动器自动利用旁路接触器 KM 取代已完成任务的软启动器，为电动机正常运转提供额定电压。

软启动器可以实现软停车，停车时先切断旁路接触器 KM，然后通过软启动器内晶闸管导通角由大逐渐减小，使三相供电电压逐渐减小，电机转速由大逐渐减小到零，即停车过程完成。软停车的一个典型应用是防止水泵机组停车时出现水锤现象。

3.3　软启动器的控制和保护功能

软启动器收到外部的启动、停止指令后，按照预先设定的启动和停车方式对电动机进行控制。

软启动器的主要特点是具有软启动和软停车功能，启动电流、启动转矩可调节，另外还具有对电动机和软启动器本身的热保护、限制转矩和电流冲击、三相电源不平衡、缺相、断相等保护功能和实时检测并显示如电流、电压、功率因数等参数的功能。

下面先分别对软启动器的启动、运行、停车进行介绍，然后再介绍软启动器的几种常见保护功能。

3.3.1　软启动器的启动

为了适应不同的电机和负载，软启动器有多种启动模式。

1. 电压斜坡启动

电压斜坡启动方式是一种开环控制方式。如图 3-9 所示，它的电压按预先设定好的曲线变化，其斜率由斜坡上升的时间 t 决定。当启动之初电压低于一定值时（一般为 120 V 左右），电机转矩小于负载转矩，电动机不能运转，反而使电机发热，因此电压斜坡启动方式的电压不是从 0 开始上升的，而是有一个初始电压 U_1。这个电压通常要根据负载特性设定成能使电机启动所需的最小电压，也可设置为按两段斜率启动。

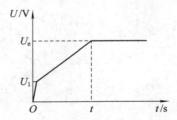

图 3-9　电压斜坡启动模式

启动开始后，软启动器输出电压快速上升至 U_1，然后按照预先设置好的曲线升压。经过斜坡上升时间 t，电压升至电源电压，整个启动过程结束。增大 U_1 会增加 T_{st}，但是同时启动瞬间的冲击也会加大；增大 t 会延长电动机启动时间并降低启动电流，但是可能会引起电动机发热严重。因此启动效果受到负载和电源变化的影响，往往需要反复调试才能达到比较满意的启动效果。

电压斜坡启动适用于对启动电流要求不严格而对启动平稳性要求比较高的场合，用于风机、水泵类大惯性负载。

注意：斜坡上升时间是软启动器输出电压从 U_1 升到电源电压的时间，不是电动机完成启动过程的时间。

2. 限电流启动

作为一种闭环控制方式，启动过程可以不断采样和调整软启动器的输出电流，启动效果受负载和电源变化的影响比较小，启动特性的稳定性较好。

图 3-10 为限电流启动模式电流曲线，其中 I_1 是设定的启动限电流值（可调），当电动机启动时，输出电压迅速增加，输出电流也快速上升达到 I_1 并保持在该值。随着输出电压的逐渐升高，电动机加速，当电动机达到额定转速时让旁路接触器主触头闭合，输出电流迅速下降到电动机额定电流 I_e，启动过程结束。

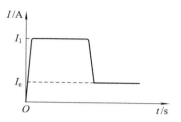

图 3-10 限电流启动模式

限电流启动模式适用于恒转矩负载，在电网容量有限的场合使得电动机以较小的启动电流快速启动。

注意：当轻载或者设定 I_1 值比较大，启动最大电流也可能达不到设定值 I_1 时也属于正常。

3. 突跳控制启动

如图 3-11 所示，突跳控制启动模式和电压斜坡启动模式比较类似，不同的是在启动瞬间用突跳转矩克服电动机静态转矩。这是因为有些负载在静止状态下有较大的静阻力矩，在电机启动初始需要很大的转矩使电机启动，当电机一旦转动起来，阻力矩反而减小。因而在启动时加一短时的高电压脉冲以克服负载的静摩擦使电动机转动，当电压波形再降到初始电压 U_1 后，再按照电压斜坡启动方式启动。这样大电流持续的时间比较短，对电网影响也相对小。

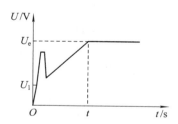

图 3-11 突跳控制启动模式图

一般在使用该模式之前用非突跳模式启动电动机，若电动机因为静摩擦力太大不能转动时再选用该模式，以减小不必要的电流冲击。

4. 电流斜坡启动

电流斜坡启动模式是限电流启动模式的一种扩展，具有较强的加速能力。如图 3-12 所示，这种模式同限电流模式相比的不同之处在于电流曲线的前一部分是以一定斜率逐渐上升的。初始电流为使电动机启动所需的最小电流，在启动的初始阶段 t_1，启动电流按电流斜坡线上升，直至电流限幅值 I_1，之后的控制方式同限电流启动。

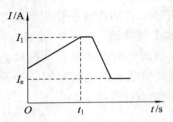

图 3-12　电流斜坡启动模式

电流斜坡启动适用于风机水泵类要求电流上升比较平滑的大惯性负载。这些负载启动时所需要的转矩很小，随着转速的上升，所需转矩近似成平方关系增加。因此启动初始宜加小的启动电流，随着转速的上升，启动电流也随之上升，这样有利于负载的平稳启动，电动机的发热也较少。

5. 全电压启动

在全电压启动模式下，软启动器相当于一个固态接触器。电动机承受全部的电流冲击和转矩冲击，一般晶闸管全开时间要控制在 0.25 s 以内。

3.3.2　软启动器的停车

软启动器可根据设备的特点选择不同的停车模式，设置不同的参数，对电动机进行停机控制。

通常软启动器的停车方式主要有自由停车、软停车和制动停车等。

自由停车是指当软启动器接到停机指令后，软启动器封锁旁路接触器的控制继电器并随即封锁主电路晶闸管的输出，让电动机依负载惯性自由停机。一般情况下，如无必要软停车时应该选择自由停车模式，以延长软启动器的使用寿命。

软停车是指软启动器首先断开旁路接触器，软启动器的输出电压在设定的软停车时间内通过调节晶闸管的导通和截止时间逐渐降至所设定的软停终止电压值，使加在电机端的电压逐渐减小，以减小突然停机带来的转矩冲击。软停车过程结束软启动器转为自由停车。

如图 3-13 所示，软停车输出电压曲线类似于电压斜坡启动方式的反过程。当接到软停车命令后，控制晶闸管触发角使输出电压迅速下降至软停车基值电压 U_3，然后软启动器输出电压在设定的斜坡下降时间 t_1 内由 U_3 下降至切断电压 U_2，最后自由停车。

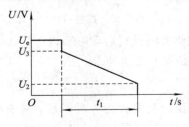

图 3-13　软停车输出电压曲线

这种停车模式适用于要求电动机平滑停车的场合,例如水泵若自由停车则会有"水锤效应",使用软停车可以很好地抑制"水锤效应"。

通过软启动器不但可以实现电动机从零到预定转速的启动过程,还可以实现电动机的能耗制动或反接制动。所谓制动停车是指在电动机停机时产生一个制动转矩,控制电动机快速减速并停机,缩短了自由停车时产生的惯性。

如要实施能耗制动时,则软启动器向电动机定子绕组通入直流电,由于软启动器是通过晶闸管对电动机供电的,因此可以通过改变晶闸管的控制方法来得到直流电。如图3-14所示,在软启动器主电路外部增加两个交流接触器 KM1 和 KM2,控制晶闸管的触发顺序,再用 KM1 和 KM2 的主触头可以实现单相脉动直流输出。

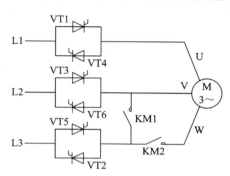

图 3 - 14　软启动器实现能耗制动的电路

3.3.3　软启动器的运行

1. 全压运行

全压运行是指软启动器在电动机启动完成之后,晶闸管处于全导通状态,主电路电流仍然从晶闸管器件流过。这种方式不需要增加如旁路接触器等外部器件,但是因电流流经晶闸管,因此有一定的功率损耗。又因为晶闸管是处于长时间运行工作状态的,因此相应的晶闸管容量和通风、散热等应该按照长期工作制来设计。

2. 旁路运行

旁路运行是指软启动器在电动机启动完成后,晶闸管即处于关断状态。电动机通过一台与软启动器并联的交流接触器来正常工作,启动完成后闭合该接触器主触头,使得主电路电流从接触器的主触头流过,这个交流接触器常称为"旁路接触器"。

当停车时,需要先断开旁路接触器,然后按照设置的停车方式(软停车、自由停车等)进行停车。这种方式由于工作电流通过旁路接触器流通,因此可大大降低晶闸管的功率损耗。因此晶闸管的容量和通风、散热等可以按照短时工作制来设计,散热器尺寸较小。在这种方式下,可以用一台软启动器启动多台电动机(一台接着一台启动)。

对于电动机负载长期大于40%的场合,应该使用带有旁路接触器的方案。

因此采用旁路接触器的优点包括:在电动机运行时可以避免软启动器产生谐波;避免长期运行软启动器让晶闸管发热严重,从而延长软启动器的使用寿命;一旦软启动器发生故障可以由旁路接触器作为紧急备用运行。

3. 点动运行

点动运行通常用于试车。软启动器得到点动运行指令后，输出侧电压快速上升至点动电压，然后保持不变。点动指令撤销，则软启动器输出关断，电动机自由停车。

点动电压的大小决定了电动机试车时转矩的大小。点动主要用于试车，可以进行盘车或查看电动机的运行方向。

4. 节能运行

电动机轻载时，功率因数、效率等均比较低，造成了电能的浪费。减小电压可以减少电动机的铁损、定转子铜耗。当电动机负荷比较低时，软启动器可以降低施加在电动机定子上的电压，减少电动机的励磁电流，减少电动机的铜耗和铁耗，提高电动机的功率因数，起到轻载节能的效果。一般认为，在低负载率（<30%）、低功率因数（<0.4）时，节能效果比较明显。因此，对于可变工况负载，若电动机长期处于轻载运行，只有短时间或者瞬时处于重载，则不妨采用节能运行模式，这种模式下使用不带旁路接触器的接线方案。

3.3.4 软启动器的保护功能

由负载的突然变化、电源故障、线路老化、人为操作失误等，都可以引起软启动器系统的故障。在软启动器电路中，电感性负载的通断、快速熔断器的熔断等都可以在软启动器回路中产生过电压。过载、短路、晶闸管反向击穿等都会导致在软启动器回路中产生过电流。晶闸管正常工作对散热、通风要求高，如散热、通风效果不好，容易造成温度过高。另外，晶闸管作为电力电子器件，本身承受过电压、过电流的能力比较弱，因此相关的保护电路是必不可少的，在非正常工况出现时可以保护晶闸管、电路等不受损坏或者避免发生严重的事故，从而提供系统的可靠性和安全性。因此，软启动器系统必须要有多种电气保护措施。

软启动器集成了传统电动机保护线路的功能，如电动机的断相保护、过载保护、欠载保护、过电压保护、欠电压保护、堵转保护、过热保护以及软启动器自身的过热保护等。

值得注意的是，虽然软启动器本身保护能力强大，但是软启动器系统并非不需要熔断器、断路器等设备。例如软启动器自身就不具备短路保护能力，这就要求软启动器系统在投入使用时，要和熔断器、接触器、断路器等配合，由外部电路完成短路保护。

1. 过热保护

软启动器的过热保护分为两种，一种是对晶闸管的过热保护，另一种是对电动机的过热保护。

（1）对晶闸管的过热保护。晶闸管的过热保护可以采用温度继电器或者热电偶、热电阻等进行。温度继电器一般安装在散热器上，温度继电器的接点接到控制电路。当检测到晶闸管的温度超过设定值时，则会把过热信号送到计算机，计算机控制输出信号切断主回路或者通过控制电路停止设备工作。若是使用热电偶、热电阻则可实时检测晶闸管的工作温度，根据采集到的温度的不同值，实现风机启动、报警、停止设备工作等不同的动作。

（2）对电动机的过热保护。在启动电动机工作后，软启动器会根据额定电流和实际的工作电流计算电动机的温升，当电动机的温度超过预设的极限温度时，软启动器立即切断线路，实施过热保护。一些电动机控制线路采用 PTC 电阻进行过热保护，将 PTC 电阻嵌在电动机的定子绕组上，当绕组温度升高时，PTC 电阻的阻值会逐渐增大，对电动机实施过热保护。

2. 断相保护

当电动机供电电源的某一相较低或断相时，会使三相电流不平衡，当不平衡的电流达到软启动器预设的脱扣级别且超过脱扣设定的延时后，对电动机实行断相保护。依照检测方法的不同，软启动器的断相保护可以分为电压型和电流型两种。电压型结构简单，但是对于监测点和负载之间产生的断相无法检出。电流型可以对任何形式的断相进行保护，但当电动机空载或者带载很低时，则无法实现断相保护。

3. 过载保护

过载保护是针对电动机的具有反时限保护特性的过电流保护。过电流倍数越大，动作时间越短；过电流倍数越小，动作时间越长。

电动机在全压状态下工作时，软启动器的过载保护功能实时监测，若电动机电流突然上升，超出过载脱扣的设定范围，且超过脱扣设定的延时后，电动机停止运转，实施过载保护。软启动器可以提供符合 IEC 标准的脱扣级别：10A 级、10 级、20 级或 30 级等。

软启动器采用了电子式的热保护器。根据电动机在过载后的发热情况，电子式热保护器可以做到载荷越重，保护动作的时间越短，因此电子式热保护器和热继电器都具有反时限特征。但是，如果使用热继电器，其发热特性和电动机的发热特性难以吻合。电子式热保护器通过微机运算，它的反时限特性可以和电动机的发热、冷却特性吻合，因此可以比较准确地计算出保护动作的时间。

4. 欠载保护（欠电流保护）

一些工业设备，当负载电流减小到某一值及以下时，表示该设备出现了故障，欠载保护就是针对这种情况的。

对于软启动器系统而言，电动机在全压状态下工作时，软启动器的欠载保护功能开始实时监测，若电动机输出电流突然下降，下降到设定值以下超出欠载脱扣的设定范围，且超过脱扣设定的延时后，实施欠载保护。欠载保护动作参数设置一般有三个选项，即无效、报警和停止，常设置为报警选项。

注意：欠载保护针对电动机的正常运行状态，启动过程欠载保护动作参数不起作用。

5. 过电压保护

当电动机控制线路的输入电压突然升高，超过软启动器过电压脱扣的设定范围，且超过脱扣设定的延时后，电动机停止运转，实施过电压保护。

6. 欠电压保护

欠电压保护可以保护当电压过低或者消失使电气设备误动作或者使电动机停转后又自行启动而造成的危害。

对软启动器而言，当电动机的供电线路由于故障等原因，使电压大幅度降低或消失时，软启动器欠电压保护功能动作，控制电动机停止运转，实施欠电压保护。

注意：欠电压保护只针对电动机的运行状态，启动过程无效。

7. 堵转保护

当电动机故障或者负载机械故障导致电动机无法启动，电动机长时间处于大电流状态而烧毁电动机时，堵转保护是对电动机过载保护的补充。

对软启动器而言，它通过采样输出电流，当启动设置时间已过但是电动机还是处于大电流状态，堵转延迟时间到后，电动机停止工作。

3.3.5　软启动器的故障保护处理

1. 处理方法

当软启动器接到急停信号或者产生无法自行处理的故障时，软启动器迅速停止输出并报警，电动机处于自由停车状态。若此时收到启动信号，则软启动器也无法响应，必须在处理完故障或者解除急停信号后，电动机才能再次启动。

当软启动器系统电路出现不影响运行的故障时，软启动器报警但是不会立即切断输出。

2. 故障显示

软启动器出现故障后，一般有以下几种方式显示相关的故障：

（1）相应故障的 LED 灯亮，让用户知晓软启动器处于故障状态。

（2）显示屏显示故障代码等，用户可以查阅手册知晓具体故障信息和处理方法。

（3）上位机组态画面显示故障信息（故障发生时间、故障具体内容等）。

3. 故障信号输出

当有故障情况时，外接信号动作，可以使用这些信号进行声光报警或者直接反馈至上位机，也可以利用信号触点使宿主电路的开关或接触器等动作，切断软启动器电源。

4. 故障复位

排除故障之后，才可以进行复位操作。一般复位操作有以下几种方法：

（1）断开控制电源复位。

（2）利用复位端子复位。

（3）通过控制盘复位功能键复位。

3.4　软启动器的典型产品

常熟开关制造有限公司是专业研发和制造中低压配电电器、工业控制电器、中低压成套装置、光伏逆变器及光伏发电配套电器和智能配电监控系统及配套测控器件的企业，其软启动器产品包括 CR1 系列电动机软启动器和 CR2 系列智能型电动机软启动器。

CR2 系列是基于 Modbus - RTU 协议的通信产品，CN1DP 适配器、CN1EG 以太网适配器可应用于 Modbus、Profibus、Devicenet、CAN 总线和以太网通信网络，便于进行多种协议的应用管理。CR2 主要适用于作鼠笼式电动机的启动、运行和停止的控制和保护。电动机直接启动时，启动电流可高达电动机额定电流的 $7 \sim 10$ 倍，对电网冲击较大，而且会影响机械设备的寿命，甚至造成严重故障，带来重大的经济损失，而使用 CR2 系列智能型电动机软启动器能避免这些问题的产生。

1. 主要功能

CR2 系列软启动器除了具有普通软启动器的一般功能外，还增加了电流可调功能、智能监控保护、通信功能等，使产品的应用范围更广，可广泛适用于冶金、化工、建筑、矿山等保护要求高，自动化程度高的场合，其主要功能包括：

（1）该装置具有软启动功能，能降低电动机的启动电流和启动转矩，减小启动时产生的力矩冲击；

（2）该装置具有软停车功能，能逐渐降低电动机终端电压，避免设备由于突然停车所造成的损坏；

（3）该装置具有保护功能，能够对过载、欠载、峰值过流、工艺过流、断相、三相不平衡、堵转、散热器过热、逆序、限流启动超时等故障进行保护，并具有 PTC 直接热保护和每小时启动次数保护；

（4）该装置具有可编程输入、输出功能，并可进行远程/本地设定；

（5）该装置具有整定电流可调功能，达到与电动机额定电流相匹配的目的，起到精确的保护；

（6）该装置具有全中文液晶显示功能可显示运行时的主回路电流和记录 20 条故障保护的类型等，并可进行各种参数和保护的设定；

（7）该装置可带通信功能，实现远程监控等。

2. CR2 系列软启动器的型号

CR2 系列软启动器的型号及含义如图 3-15 所示，其中涉及的代号包括 1 和 2，与"C"和"R"结合起来分别表示 CR1 和 CR2 型软启动器。例如 CR2-30/T 软启动器，表示带有通信功能的额定工作电流为 30A 的智能型软启动器。

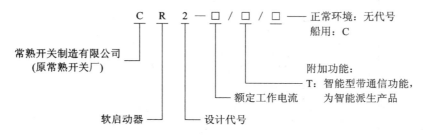

图 3-15　CR2 软启动器的型号及含义

3. 主要技术参数

CR2 系列软启动器的主要技术参数见表 3-1。

4. 安装条件和正常工作条件

CR2 系列软启动器应该安装在干燥、无导电尘埃、无腐蚀的气体、无爆炸危险的环境中，不要安装在重要的热源附近，应该保证有良好的通风环境。软启动器能承受的振动条件是振动频率在 10～150 Hz，振动加速度不大于 5 m/s²。如果现场环境无法满足上述要求，那么就要提高设备的防护等级。

CR2 系列软启动器安装环境，即温度、湿度、海拔的具体要求见表 3-2。

表 3 – 1　CR2 系列软启动器主要技术参数

型号	壳架代号	软启动器额定电流 Ie/A	被控制电动机额定功率 Pe/kW	额定工作电压 Ue/V	额定冲击耐受电压 Uimp/V	额定绝缘电压 Ui/V	额定控制电源电压 Us/V	使用类别
CR2 – 30	63	30	15					
CR2 – 40		40	18.5					
CR2 – 50		50	22					
CR2 – 63		63	30					
CR2 – 75	105	75	37					
CR2 – 85		85	45					AC – 53a
CR2 – 105		105	55					
CR2 – 142	175	142	75					
CR2 – 175		175	90					
CR2 – 200	300	200	110					
CR2 – 250		250	132	50 Hz AC400	8000	690	50 Hz AC230	
CR2 – 300		300	160					
CR2 – 340	530	340	185					
CR2 – 370		370	200					
CR2 – 400		400	220					
CR2 – 450		450	250					
CR2 – 500		500	280					
CR2 – 530		530	300					
CR2 – 570	700	570	315					AC – 53b
CR2 – 630		630	355					
CR2 – 700		700	400					
CR2 – 800	900	800	450					
CR2 – 900		900	500					

表 3 – 2　CR2 系列软启动器安装环境要求

项　目	要　　求
环境温度	0～40℃，日平均温度≤35℃，工作环境温度变化≤5℃/h
相对湿度	20℃时≤90％，变化率≤5％/h，不见凝露
海拔高度	小于等于 2000 m
周围环境	

如图 3-16 所示，CR2 系列软启动器应该牢固安装在一个垂直表面，在软启动器的周围应该留出适当的空间，上下距离最小为 200 mm，左右距离最小为 100 mm。注意，在软启动器的下面不应该有发热设备或装置，以免影响它的出力。

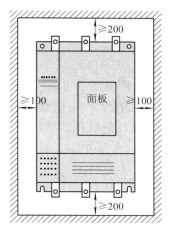

图 3-16　CR2 安装示意图

5．控制和保护功能

1）控制功能

CR2 系列软启动器可实现电压斜坡软启动、突跳＋电压斜坡软启动、限流启动和软停车功能。

（1）带有电压斜坡的软启动。如图 3-17 所示，图中 U_e 为额定工作电压，软启动的基值电压 U_p 的可设定范围是 $0.3U_e \sim 0.75U_e$，t_r 斜坡上升时间的可设定范围是 $1 \sim 120$ s。当接到软启动命令时，软启动器首先输出一个软启动基值电压 U_p，用以克服静摩擦转矩。随后电压逐渐上升，从软启动基值电压上升到额定电压，这段过程时间即为斜坡上升时间 t_r，当电压达到额定电压后，启动完毕。CR2 软启动器具有点动功能，按照软启方式启动，直到命令解除，电机停止。

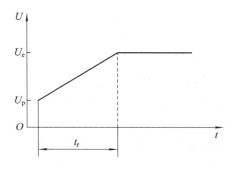

图 3-17　带有电压斜坡的软启动

（2）带有突跳、电压斜坡的软启动。如图 3-18 所示，为了克服有些负载比较大的静摩擦转矩，软启动器提供了可选的突跳启动，图中 U_p 的可设定范围是 $0.3U_e \sim 0.75U_e$，t_r 的可设定范围是 $1 \sim 120$ s，突跳启动电压 U_k 的可设置范围是 $0.5U_e \sim 1U_e$，突跳启动时间 t_k 的可设定范围是 $0.1 \sim 1.5$ s。突跳功能的开闭可通过菜单来设定。

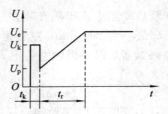

图 3-18　带有突跳＋电压斜坡的软启动

（3）限流启动。如图 3-19 所示，限流启动可防止过高的电流对电机的冲击。软启动器的限流值 I_{CL} 可由用户设定，其设定范围为 2～5 倍整定电流 I_r，限流时间 t_{CL} 满足过载保护反时限曲线，U_p 和 t_r 的设置范围与电压斜坡软启动相同。

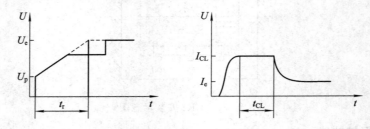

图 3-19　带有电压斜坡和限流的软启动

（4）软停车。如图 3-20 所示，当接到软停车命令时，软启动器输出电压在设定的斜坡下降时间 t_{r2} 内由软停车基值电压 $U_t(0.9U_e)$ 下降至切断电压 $U_z(0.3U_e \sim 0.75U_e)$。斜坡下降时间 t_{r2} 的可设置范围是 0～60 s。

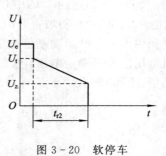

图 3-20　软停车

2）保护功能

CR2 软启动器有着较完善的保护功能，当发生故障时，系统封锁触发脉冲，可控硅关断，同时故障继电器动作，故障指示灯发光。这时软启动器不再响应启动命令，如需再启动则必须复位或将控制电源断电后重新送电。

（1）电动机过载保护。过载保护的反时限特性见图 3-21 及表 3-3。CR2 系列软启动器有 10A、10、15、20、25、30 共六个脱扣级别。软启动器在过载保护时发出故障信号，有 6 条过载曲线可供选择，从而为用户提供更广大的灵活性。

过载保护是按 GB/T14598.15 冷态反时限特性来模拟电动机的过热保护的。软启动器的整定电流应根据电动机铭牌上标明的额定电流进行调整。调整范围是软启动器额定电流的 0.3～1.15 倍。过载动作时发出故障信号，"故障"红灯亮。

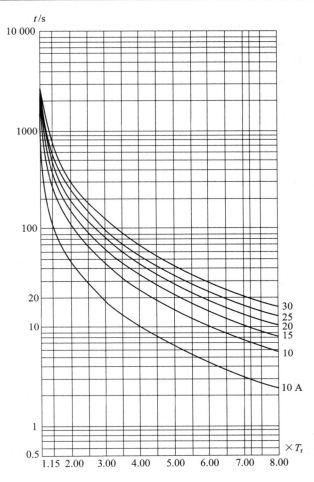

图 3-21　过载保护反时限曲线

表 3-3　不同脱扣级别的动作时间

动作时间/s　　脱扣级别		10A	10	15	20	25	30
( )×I_r	1.05 倍	2 h 内不动作					
	1.2 倍	291	679	970	1261	1552	1939
	1.5 倍	103	240	343	446	549	686
	7.2 倍	3	7	10	13	16	20
注：动作时间允许±20%，7.2 倍对应的动作时间为整定时间。							

　　在电动机已停机或软启动器已关闭后，即使控制电路未通电也会进行热计算，这样可防止电动机在温升过高的情况下重新启动。

　　在某些特殊场合，即使电机温升较高的情况下也必须启动电机时，可先操作菜单中的"过载复位"，将电机的热状态复位后再启动电动机。

　　（2）欠载保护。当运行电流低于某一设定值（0.2~0.8I_r）并且持续时间达到了预先设定的时间（1~30 s）时，可仅发出信号，或者停车并记录故障的类型、时间，该功能可关闭。

（3）峰值过流保护。当电流达到或超过峰值电流整定值 $10I_e$ 时，停机并记录故障的类型、时间，"故障"红灯亮。

（4）工艺过流保护。运行中由工艺异常引起负载突然增大的情况下，当电流超过某一设定值（$1.5 \sim 5.0I_r$）且持续到预先设定的时间（$1 \sim 30$ s）时，软启动器可仅发出信号，或停车并记录故障的类型、时间。该功能可关闭。

（5）断相保护。软启动器检测到三相中任何一相断相，停机并记录故障的类型、时间，"故障"红灯亮。

（6）堵转保护。当电机电流达到设定的堵转电流（$3.0 \sim 8.0I_r$），且持续时间超过设定的时间（$0.2 \sim 13$ s）时，可仅发出信号，或停机并记录故障的类型、时间。该功能可关闭。

（7）散热器过热保护。散热器过热达到 80 ± 5℃ 时，停机并记录故障的类型、时间，"故障"红灯亮。

（8）PTC 热保护。通过电动机的 PTC 传感器对电机进行热保护，当电机温度达到 PTC 传感器动作值时，软启动器停机并记录故障的类型、时间。该功能可关闭。

除了上述保护之外，还包括三相不平衡保护、逆序保护、限流启动超时保护、每小时启动次数保护等。

6. 快速熔断器的使用

快速熔断器能对软启动器的晶闸管提供短路和堵转保护，可提高软启动器的安全性。

为了能够保护软启动器的晶闸管，快速熔断器的选用要做到以下几点：

（1）快速熔断器的热效应值 I^2t 要小于晶闸管的热效应值。

（2）快速熔断器的额定电流一般是软启动器额定电流的 $2 \sim 3$ 倍。

（3）快速熔断器的额定电压应该大于线电压。对于交流 380 V 的电源电压，可选用额定电压为 500 V（或 750 V）的快速熔断器。

CR2 系列软启动器快速熔断器的选用见表 3-4。

表 3-4　CR2 系列软启动器快速熔断器的选用

电动机额定功率/kW	软启动器参数		快速熔断器参数（最大值）		
	型号	晶闸管 I^2t /A²s	规格型号	额定电流/A	I^2t/A²s
15	CR2-30	18 000	RST3-500/80	80	13 440
18.5	CR2-40	18 000	RST3-500/80	80	13 440
22	CR2-50	18 000	RST3-500/80	80	13 440
30	CR2-63	125 000	RST3-500/200	200	107 000
3	CR2-75	125 000	RST3-500/200	200	107 000
45	CR2-85	281 000	RST3-500/200	200	107 000
55	CR2-105	320 000	RST3-500/250	250	246 200
75	CR2-142	320 000	RST10-660/500	500	173 000

续表

电动机额定功率(kW)	软启动器参数		快速熔断器参数(最大值)		
	型号	晶闸管 I^2t /A^2s	规格型号	额定电流/A	I^2t/A^2s
90	CR2－175	320 000	RST10－660/550	550	232 000
110	CR2－200	1 125 000	RST10－660/900	900	835 000
132	CR2－250	1 125 000	RST10－660/900	900	835 000
160	CR2－300	1 100 000	RST10－660/900	900	835 000
185	CR2－340	638 000	RST10－660/710	710	476 000
200	CR2－370	638 000	RST10－660/710	710	476 000
220	CR2－400	966 000	RST10－660/900	900	835 000
250	CR2－450	966 000	RST10－660/900	900	835 000
280	CR2－500	3 650 000	RST10－660/1250	1250	2 200 000
300	CR2－530	3 650 000	RST10－660/1250	1250	2 200 000
315	CR2－570	2 880 000	RST10－660/1250	1250	2 200 000
355	CR2－630	2 880 000	RST10－660/1250	1250	2 200 000
400	CR2－700	6 850 000	RST11－1000/2000	2000	4 600 000
450	CR2－800	9 250 000	RST11－1000/2000	2000	4 600 000
500	CR2－900	9 250 000	RST11－1000/2000	2000	4 600 000

7. 电气接线

1）主回路接线

主回路接线示意图如图 3－22 所示，其中 1L1、3L2、5L3 是输入端子，连接三相电源；2T1、4T2、6T3 是输出端子，连接三相电动机；A2、B2、C2 在旁路运行时使用，A2、B2、C2 与旁路接触器的输出端相连。

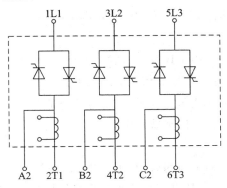

图 3－22　主回路接线示意图

注意: 当逆序保护功能开启时,要注意电源的相序,若相序接反会出现逆序故障,无法启动电机。

2) 控制回路接线

控制回路端子典型接线如图 3-23 所示。

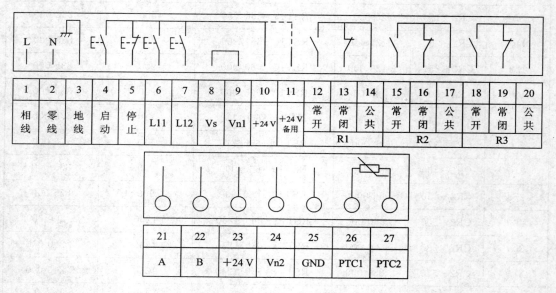

图 3-23 控制回路端子典型接线

(1) 1 号端子为相线端子、2 号端子为零线端子,接交流 230 V 的控制电源。

(2) 3 号端子为接地端子。

(3) 4 号端子为启动端子,5 号端子为停止端子,8 号端子 Vs 为外部电源参考端子,9 号端子 Vn1 为内部电源参考端子。10 号端子是+24 V 内部电源端子,11 号端子是+24 V 内部后备电源端子。用内部电源时,要将 Vs 和 Vn1 短接。用外部电源时,Vs 和 Vn1 不用连。

(4) 6 号端子 LI1 和 7 号端子 LI2 是可编程输入端子。

(5) 12～20 号端子包括 3 个常开和 3 个常闭的可编程继电器无源触点。如可以将 18、19、20 号端子设置为故障继电器端子,在故障保护时动作;15 和 17 号端子设置为旁路继电器输出端子,在启动结束后动作,用于控制旁路接触器;12 和 14 号端子可设置为运行监视继电器输出端子。

(6) 21 号端子为 A 端子,用于接收/发送数据+;22 号端子为 B 端子,用于接收/发送数据-。25 号端子是 GND 端子,接通信线屏蔽层 GND。

(7) 23 号端子为+24 V 外接电源端子,24 号端子是 Vn2 外接电源参考端子。

(8) 26 和 27 号端子是 PTC 传感器输出端子。

3) 启停控制

CR2 系列软启动器有四种不同的启动、停止接线方式。

(1) 不用外加电源,利用内置自锁电路来实现启停控制,见图 3-24。

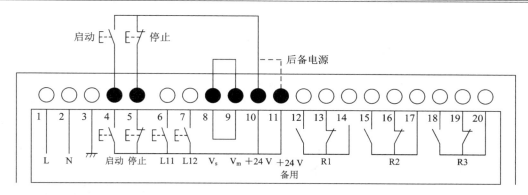

图 3 - 24　启停控制方式一

（2）不用外加电源，利用中间继电器电路来实现启停控制，见图 3 - 25。

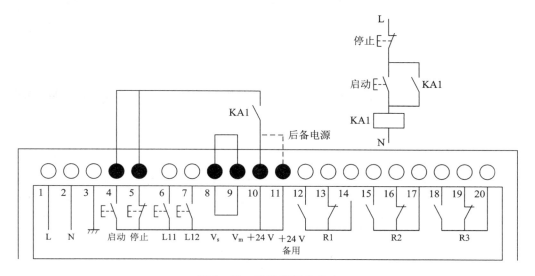

图 3 - 25　启停控制方式二

（3）利用外加电源，该 DC24V 电源可以来自 PLC 或者类似设备，见图 3 - 26。

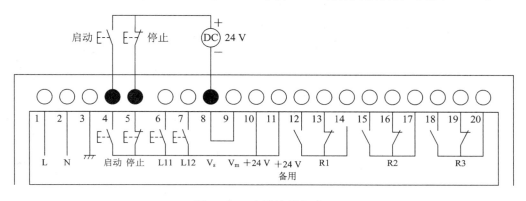

图 3 - 26　启停控制方式三

（4）利用外加电源，该 DC24V 电源可来自 PLC 或者类似设备，并利用中间继电器来实现启停控制，见图 3 - 27。

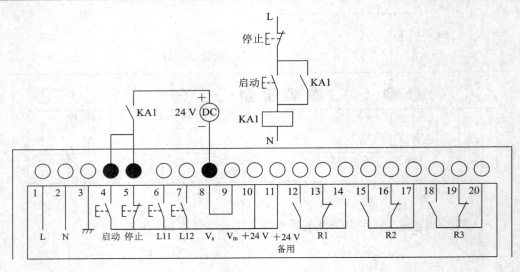

图 3-27　启停控制方式四

8. 带有进线和旁路接触器的软启动器典型接线图

如图 3-28 所示，当合上断路器 QF1 时，电源指示灯 H1 亮。进线接触器 KM1 线圈得电，KM1 主触头闭合。

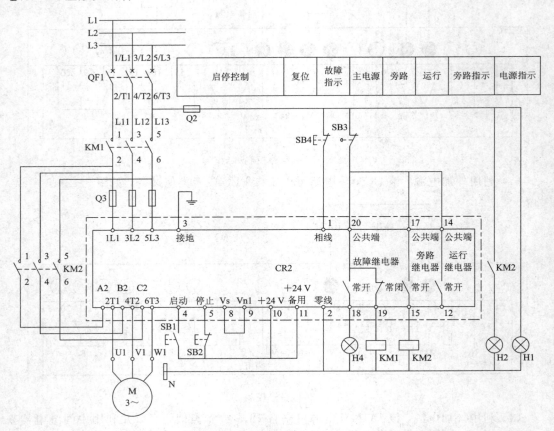

图 3-28　带有进线接触器和旁路接触器的 CR2 软启动器典型线路图

启动时，按下启动按钮 SB1，端子(4，10)接通，开始软启动，软启动器控制晶闸管导通角的大小，让电动机电压逐渐上升，电动机转速也随之上升。

若 R2 已设置为旁路继电器触点，则当软启动器晶闸管全通时，电动机启动完成，电动机电压达到额定值时，软启动器内部的旁路继电器(15，17)触点闭合，旁路接触器 KM2 线圈得电，KM2 主触头闭合，将软启动器内部的晶闸管短路，避免晶闸管长时间工作影响其使用寿命，电动机进入旁路运行状态。同时，旁路运行指示灯 H2 点亮。

若要停车(假设已设置为软停车模式)，按下停止按钮 SB2，接收到停机指令后，软启动器的旁路继电器(15，17)触点恢复到常开状态，旁路接触器 KM2 线圈失电释放，KM2 主触头恢复到常开状态，旁路运行指示灯熄灭。同时，软启动器控制晶闸管导通角使得输出电压逐渐减小，电动机转速逐渐降低，最后停车。

当电动机出现过载、欠电压等故障或者软启动器出现内部故障时，若 R3 已设置为故障继电器触点，则故障继电器动作，同时复位旁路继电器。故障继电器常开触点(18，20)闭合，故障指示灯 H4 亮；故障继电器常闭触点(19，20)断开，KM1 线圈失电，切断主电路供电线路，电动机自由停车。旁路继电器触点(15，17)复位断开，旁路接触器 KM2 线圈失电释放，KM2 主触头恢复到常开状态，旁路运行指示灯 H2 熄灭。及时排除故障后，按下复位按钮 SB4 后，才能再次让软启动器工作。

如果出现意外情况需要电动机紧急停机，则可以按下急停按钮 SB3，KM1 和 KM2 线圈同时失电，KM1 和 KM2 主触头断开，切断主线路供电电源，旁路继电器复位，H2 旁路指示灯熄灭，电动机自由停车。

3.5　软启动器的日常维护及注意事项

在日常巡检过程中要注意检查软启动器的环境条件，防止其在超过允许的环境条件下运行。观察软启动器周围是否有妨碍其通风散热的物体，要确保软启动器四周有足够大的空间。检查软启动器系统元器件(包括断路器、接触器、熔断器等)是否有过热、变色、异味等现象。

维护检查必须在切断软启动器进线侧所有电源后进行。要定期检查接线端子是否松动，在日常维护过程中还要注意以下几点：

(1) 除尘。灰尘太多会影响散热，降低软启动器的绝缘等级。一次回路可能会有爬电、漏电现象，二次回路会产生漏电、短路现象，软启动器的晶闸管温度易过高而损坏，因此要利用清洁干燥的毛刷或者压缩空气等定期清扫灰尘。

(2) 除潮。如果软启动器使用环境湿度比较大，则也会降低软启动器的绝缘等级。在潮湿的环境下，如软启动器长期不用，则在使用前必须进行除湿处理。应该利用电吹风等烘干驱潮，防止爬电、漏电和短路事故的发生。

(3) 感应电压。带有旁路接触器的软启动器在启动过程结束后，由于晶闸管漏电流的存在，其输出端会有感应电压，属于正常现象，若此时未接上电机负载则输出端有触电风险。

(4) 绝缘测试。严禁用兆欧表测量软启动器输入及输出间的绝缘电阻，否则可能会因过压而损坏软启动器的功率器件及控制板。

（5）无功补偿。按照实际需要可加装提高功率因数的无功补偿装置，应装在软启动器的输入端，否则将会造成软启动器晶闸管器件损坏。

（6）输入输出端接线。不要将软启动器的输入和输出接反，否则会损坏软启动器和电动机。

思 考 题

1. 怎样选择软启动器的快速熔断器？
2. 软启动器和传统星三角降压启动等区别在哪里？
3. 软启动器对工作环境有什么要求？
4. 简述软启动器的启动控制方式和停车控制方式。
5. 简述软启动器的主要特点。
6. 简述软启动器的工作原理。
7. 软启动器有哪些保护功能，请列出至少五种。
8. 简述软启动器的故障复位方法。

第 4 章　HT 600 控制系统

4.1　系　统　概　述

　　DCS 是 Disttibuted Control System 的缩写，直接翻译为集散控制系统，它是以系统的模式按照生产工艺流程的要求实施分布控制的，同时在厂级层面建立中心操作室对整个流程的生产进行集中监控、操作及管理。DCS 充分吸收了传统分散仪表控制及集中计算机控制系统两者的优点，主要服务于过程自动化控制领域。

　　DCS 具有以下特点：

　　（1）控制功能强。DCS 控制器的 CPU 具有强大的处理能力，可以运行复杂的 PID 和模糊控制运算，可以执行大容量的控制程序，如 SFC（顺序控制）。

　　（2）操作简便。DCS 提供面向系统全局范围的操作员站，可实现对系统从流程图监控、控制面板操作及报警事件管理，到维护和事故分析追忆的一系列功能，目标是支持工厂高效率的生产运行。

　　（3）可靠性高。DCS 可以提供不同的冗余机制，从控制器、电源、通信设备到 I/O 均可实现冗余，保障系统内任何单一故障点都不会影响整体系统运行，同时提供设备在线维护功能，实现系统故障后的快速恢复，把 DCS 故障对生产的影响降到最小程度。

　　HT 600 控制系统是 ABB 杭州盈控自动化有限公司推出的中小型 DCS，是一个在设备上、技术上十分成熟可靠的过程控制系统。该系统基于现场总线平台，采用开放的一体化控制器，在国内外的各行各业都得到了广泛的应用，在电力、水处理、化工、石化、水泥、冶金、造纸、制药等行业具有实际运行经验。

　　HT 600 控制系统具有以下特点：

　　（1）通过使用一个完整的工程工具（WinConfig）来配置组态整个控制系统，包括自动化功能、操作员界面显示和记录，组态现场总线设备和设备参数设定。

　　（2）在过程控制站和操作员站之间自动生成全局的数据通信。

　　（3）对于现场设备、过程控制站和操作员站，整个控制系统采用一个统一的全局数据库，从而降低建立数据通信及交互访问的成本和时间投资，并保证整个系统范围内数据的一致性。

　　（4）系统提供 Modbus、Profibus-DP 等现场总线接口以及标准 OPC 来实现与各种第三方设备、仪表的数据通信与采集，方便实现与第三方的数据共享。

　　（5）提供系统全局范围的用户应用程序统一检查，覆盖过程控制站、操作员站和智能的现场设备，包括对用户程序的完整性和一致性检测。

　　（6）编程语言严格遵守 IEC6 1131-3 的国际标准，并具有高性能的图形编辑功能：功能块图（FBD）、梯形图（LD）、指令表（IL）、顺控图（SFC）、结构文本（ST）以及操作员站图形显示编辑器。

（7）宽泛的功能块库，用户自定义的功能块也可以添加到其中，宏库和图形符号可以为用户自定义功能块建立图形和操作面板。

（8）可以通过 GSD 文件导入的方式来集成任何标准 PROFIBUS - DP 和 PA 设备，并通过用户自定义对话框形式来设计对这些设备组态配置的窗口。

（9）可以通过 FDT/DTM 技术来集成 Profibus 现场总线设备。

（10）融传统的 DCS 和 PLC 优点于一体，既具备 DCS 的复杂模拟回路调节能力、友好的操作员站界面以及简单方便的工程组态软件包，又具有与高档 PLC 指标相当的高速逻辑和顺序控制性能。

HT 600 控制系统具备强大的自动化控制功能，具有操作简单、硬件成本低、软件功能强大等特点，因此是工业过程控制中的理想解决方案。

4.2　系 统 组 件

4.2.1　HT 600 控制系统结构

如图 4 - 1 所示，HT 600 控制系统分为过程控制级和操作员级。操作员级包含了操作和显示、归档和记录、趋势及报警等功能，过程控制级执行开环和闭环回路控制功能。

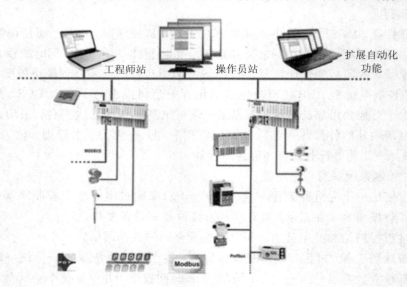

图 4 - 1　HT 600 系统结构图

1. HT 600 操作员级

HT 600 控制系统操作员站 WinMI 使用 PC 硬件，运行在 32 位的 Windows 操作系统下。操作员级可以安装一个工程师站和多个操作员站，最大配置数量为 100。WinConfig 工程师站用于组态和调试整个系统。通常操作人员可以使用笔记本等便携设备，实现在办公室和现场对系统进行组态。操作员级的 PC 也可以当作工程师站，工程师站在系统正常运行期间可以关闭，无需永久与系统连接。

2. HT 600 过程控制级

在过程控制级，系统可以由许多连接 I/O 单元的过程控制站组成，最大配置数量为 100。SP 600 控制器可以让控制系统从很小的规模起步。本地 I/O 模块可以直接连接到控制器，通过工业以太网可以将 SP 600 控制器连接到 WinCS 控制系统网络，利用该网络可与其他控制器进行通信。

模块化的可插拔式 I/O 模块依照系统过程信号的类型和数量自由选择使用。在进行过程控制站设计和组态时，过程控制站的处理能力和执行速度可以根据自动化任务需求进行调节。过程控制站的程序执行基于面向任务的模式，实现灵活运行过程程序策略。过程控制站上可以集成本地 I/O 模块，可以通过 Profibus 连接远程 I/O 模块。一个过程控制站最多可以配置 8 个周期用户任务和 1 个 PLC 模式任务。

3. 系统通信

操作员级和过程控制级之间通信采用基于 TCP/IP 的工业以太网的控制网络，可以选择不同的传输介质，如双绞线或光纤，通信速率可以达到 100 Mb/s。允许 WinHMI 通过 OPC 的方式将地方系统集成到 WinCS 过程控制系统之中。在一条工业以太网络中，最多可以集成 100 台操作员站和 100 台过程控制站。

HT 600 现场控制器支持 Profibus、Modbus 等各种现场总线。

4.2.2　工程师站软件 WinConfig

WinConfig 是 HT 600 控制系统的工程师站软件。如图 4-2 所示，它是一个集组态（包括硬件配置、控制策略、HMI 等组态）、工程调试和系统诊断功能为一体的工具软件包。

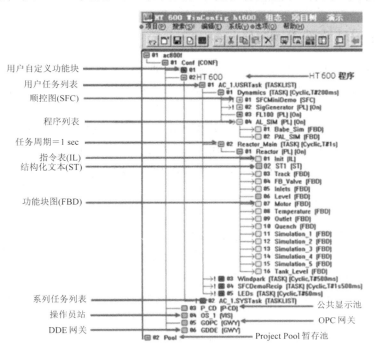

图 4-2　WinConfig 工程师站软件

HT 600 系统过程控制站所需的各种控制算法和策略都是由 WinConfig 来组态的，并采用了符合 IEC61131 - 3 标准图形化的组态方法。

整个 HT 600 控制系统既可在线配置（WinConfig 连接了控制系统硬件），也可离线（不连接系统硬件）配置。对于离线配置，不需要实际的过程站，编好的程序可以随时下载到实际系统中。

WinConfig 工程师站软件具有配置、参数设定和调试功能，其主要特点包括：

（1）使用同一工程软件完成控制策略组态和 HMI 组态（即硬件配置组态、过程控制编程、操作站组态一体化）。

（2）符合 IEC61131 - 3 的图形化编程语言，包括功能块（FBD）、指令表（IL）、梯形图（LD）、顺控图（SFC）和结构文本（ST）。

（3）采用统一的系统全局数据库和交叉参考工具，不仅可以轻松完成自动化组态，还能方便地进行过程调试。

（4）宏库提供大于 200 多个功能块，远超 IEC61131 - 3 规定的基本要求。

（5）包含 200 多个图形符号的巨大图库，同时支持用户自己添加图形。

（6）采用项目树结构，编程灵活，程序组织清晰。

（7）自动检查验证，可以轻松快速查找并排除错误。

（8）方便的交叉参考功能，可以在图形显示的编辑中快速找到注意的变量和过程点。

（9）可导入和导出程序、图形、变量、过程点和项目树。

（10）可以使用仿真控制器测试和模拟用户程序。

（11）密码保护，防止未授权的修改。

（12）具有基于 Windows 的在线帮助功能。

4.2.3　操作员站软件 WinMI

HT 600 控制系统的操作员站可以运行在普通 PC 上或者工业 PC 上。WinMI 软件基于微软图形化界面，过程操作简单易用，还可以连接使用显示器、打印机、鼠标和键盘等外围设备。

WinMI 操作员站上所有的操作对象都是在工程师站 WinConfig 上组态和调试的。最多可以组态 100 个操作员站用于操作和监控。WinMI 的功能包括工艺流程图形显示、实时数据监视、系统硬件诊测状态显示、趋势文件归档、过程及系统报警及记录、数据报表、操作指导、下达控制指令等。

WinMI 的主要特点包括：

（1）信息层次结构清晰，操作透明、快速。

（2）用户自定义功能键可以实现快速的显示选择。

（3）带有大量的预工程显示类型。

（4）通过控制属性功能，提供访问所选择标签的动态控制联锁逻辑程序（使用 OPC 或趋势服务器连接）。

（5）在过程报警情况下快速选择正确的测量点。

（6）具有统一的过程报警和信息概念，清晰安排信息的显示和操作提示。

（7）最多 16 个用户组/访问权限，1000 个用户，可为用户设定密码。

（8）具备趋势显示和存档功能。

（9）操作员登录功能包括姓名和时间戳。

（10）系统诊断可以实现到现场设备级，允许所有现场设备错误诊断。

（11）通过控制属性功能，提供访问所有选择标签的动态控制联锁逻辑程序。

（12）通过外部属性功能可访问更多信息，如 PDF 文档、工厂视频和操作的程序等。

（13）可为过程报警信息配置声音输出。

4.2.4　控制器 SP 600

如图 4-3 和图 4-4 所示，控制器 SP 600 由 CPU 模块 PM 683 和底座 TB 711F 组成，是具有本地高密度 I/O 的非冗余控制器，本地输入/输出模块可以直接连接到 CPU 模块上。

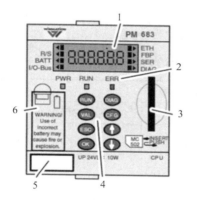

1—带标签的 LCD 显示屏；
2—状态指示灯；
3—SD 内存卡；
4—操作按钮；
5—标签固定器；
6—电池安装槽

图 4-3　CPU 模块 PM 683

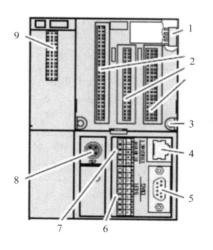

1—I/O 总线连接；
2—CPU 模件插槽；
3—墙面安装孔；
4—以太网接口；
5—串行接口诊断接头(COM2)；
6—串行通信接口(COM1)；
7—供电电源端子 24 V DC；
8—现场总线连接器；
9—Profibus 连接器

图 4-4　底座 TB 711F

CPU 模块 PM 683 安装了一个 LCD 显示屏和三个状态指示灯，用于指示运行状态和错误信息，如图 4-5 所示。在 CPU 模块运行期间，LCD 显示屏能够显示过程站 ID 号、

CPU 模块负荷、运行/停止模式或自由文本显示。LCD 显示采用背光照明，并且在正常情况下是关闭的，通过 CPU 模块上的 DIAG 按钮可以进行 ON/OFF 切换。

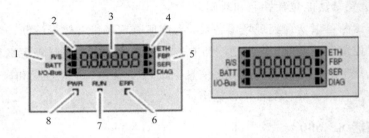

1—标签(显示元素)；2—正方形显示框；3—6×7文本显示；4—三角形显示；
5—标签(显示元素)；6—ERR 状态指示灯；7—RUN 状态指示灯；8—PWR 状态指示灯

图 4-5 CPU 模块 PM 683 上的显示面板

LCD 显示屏上的三角形和正方形符号能够表示状态"常亮"、"闪烁"、"不亮"。表 4-1 为 LCD 显示屏不同显示状态组合表示的信息。

表 4-1 LCD 符号的含义

标签 (显示元素)	正方形"■"符号			三角形"▶"符号
	常亮(Static ON)	闪烁	不亮(OFF)	常亮(Static ON)
R/S	PM 683 处于"stop"状态，应用程序任务已停止	—	—	PM 683 处于"run"状态，应用程序任务正在运行
BATT	—	电池没有放电或没有连接	在上电或电池更换时电池测试	电池已连接，并充分加载
I/O - Bus	—	一个或多个配置的模块不发送任何数据	I/O 总线为配置或 PM 683 已上电，但是 I/O 总线未启用	所有配置的模块已发送数据
ETH	—	以太网连接不存在	SP 600 已上电但是以太网未激活	以太网连接存在
FBP	—	—	—	—
SER	—	—	PM 683 已上电，但 Modbus 未启用	Modbus 已配置
DIAG	—	—	PM 683 已上电，但故障诊断接口未启用	操作系统跟踪已经启动

PM 683 面板上操作按钮的含义见表 4-2。如果长时间按"CFG"按钮，则会使设备首先切换到输入模式或 IP 地址更换模式。按"ESC"按钮可退出当前模式。在运行和上电后之间，即使以前处于硬件运行状态，如果长按"RUN"按钮，也会使控制器切换到硬件停滞状态。

表 4 - 2　PM 683 面板上操作按钮的含义

按钮	功　能	按钮	功　能
RUN	在运行模式和停止模式之间切换 CPU	DIAG	设置诊断模式，打开或关闭显示屏背光灯
VAL	没有分配功能	CFG	设置 IP 地址，切换到组态模式
ESC	没有保存数据或确认数据退出菜单	↑	向上选择或增加数值 1
OK	保存数据或确认数据后退出菜单	↓	向下选择或减少数值 1

可在 LCD 显示屏中显示短文本，短文本可以是静态的或闪烁的，部分短文本的含义见表 4 - 3。

表 4 - 3　LCD 显示的短文本及其含义

文本显示		含　义	文本显示		含　义
888888		控制器启动（冷启动或热启动）	Cold	静态	"OK" 按钮按下 4 s 后执行冷启动
8.8.8.8.8.8.	静态	液晶显示屏启动	Warm	静态	"OK" 按钮按下 4 s 后执行热启动
AbcdEF		自由文本显示	Error	静态	发生错误
brEAH		控制器在调试模式	d---		ID 显示
CPU---		CPU 负荷百分比显示	IPAddr	静态	控制器等待 IP 地址输入
FLASH	闪烁	PM 683 闪存正在执行程序且故障指示灯闪烁	run	静态	功能函数按照顺序执行
Init	静态	液晶显示屏初始化中	run	闪烁	功能函数正在启动
rboot	静态	控制器 EPROM 正在下载	StoP	静态	功能函数没有执行
noconF	静态	控制器内没有有效的组态	StoP	闪烁	功能函数处理完成

PM 683 面板上 LED 状态指示灯的含义见表 4 - 4。

表 4 - 4 PM 683 面板上 LED 状态指示灯的含义

LED 灯	颜色	颜　色		
		常亮（Static ON）	闪　烁	不　亮
PWR	绿	供电正常	—	没有提供工作电源或提供的电源接线不正确
RUN	绿	PM 683 运行中		PM 683 已停止
ERR	红	自检时有硬件错误	错误已发生，指示灯保持闪烁，直到电源关闭或 CPU 重启	无错误

通过使用 SP 600 控制器和工程组态软件 WinConfig，可使整个系统从操作员站级一直到现场设备级，完全由一个统一的工程软件来实现，而无需额外的工程组态工具。

PM 683 在出厂时没有指定以太网的 IP 地址，因此正确设置 PM 683 的 IP 地址是过程站上电运行之前必要的环节。当初次启动 PM 683 时，文本信息"IPAddr"显示在 LCD 显示屏上，等待着 IP 参数的设置，IP 地址设置流程见图 4 - 6。IP 地址可分配范围是172.16.1.1～172.16.1.64。启动过程站，常按"CFG"按键直到"IPAddr"信息出现。接下来可以按照以下步骤进行 IP 地址设置：

（1）按下"OK"键，LCD 显示切换到"- - -"。

（2）使用向下箭头按键"↓"或向上箭头按键"↑"更改 IP 地址，LCD 显示屏只显示 IP 地址最后一位的数字。设置过程中若按下"ESC"键中断设置，则 LCD 显示"IPAddr"信息。

（3）设置完需要的 IP 地址后，通过"OK"键确认。LCD 再次显示"IPAddr"信息。

（4）使用按键"↓"或按键"↑"来设置是否保存 IP 地址，LCD 显示"SAvE"信息。IP 地址分配完后，LCD 显示切换至"StArt"信息。

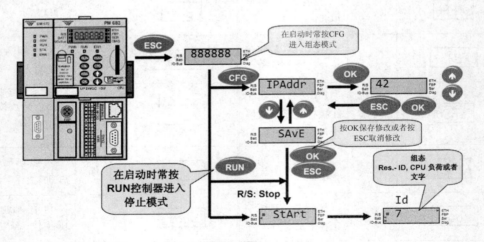

图 4 - 6 PM 683 的 IP 地址设置流程图

SP 600 过程站最小配置包含 1 个 CPU 端子底座 TB 711F 和 CPU 模块 PM 683、1 个 Profibus 现场总线模块 CM 672（见图 4 - 7）。电源通过一个外部的 24V 供电电源供电。

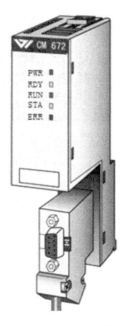

图 4 - 7 Profibus 现场总线模块 CM 672

I/O 端子单元 TU 715F(见图 4 - 8)与每个 I/O 模块相连，并保证 I/O 模块间的通信，I/O 模块可以随意组合。TU 715F 用作 I/O 模块的底座，它专门嵌入了数字信号或模拟信号的输入/输出端。

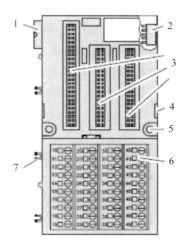

1、2—I/O 总线连接口；
3—I/O 模块插槽；
4—凹槽；
5—安装孔；
6—螺钉接线端子；
7—机械锁

图 4 - 8 I/O 端子单元 TU 715F

通过 Profibus 主站模块 CM 672 可以连接至远程 I/O 模块或者第三方设备。CM 672 用于 Profibus - DP 现场总线通信。CM 672 模块安装在 CPU 模块的左端，模块之间通过集成在端子底座中的连接器总线(连接器接口)来进行通信。

1 个 CPU 模块 PM 683 最多可以连接 8 个本地 I/O 模块。SP 600 过程站本地 I/O 的最大配置如图 4 - 9 所示。PM 683 支持 Modbus、Profibus - DP 等总线通信，以及本地、远程 I/O 模块，最大可以支持 300 个 I/O 点。

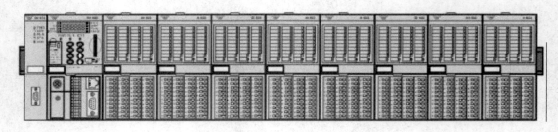

图 4-9　SP 600 过程站本地 I/O 最大配置

SP 600 过程站可用的模块包括：PM 683 CPU 模块、CM 622 Profibus 模块、AI 623 模拟量输入模块、AI 631 模拟量输入模块、AO 623 模拟量输出模块、AX 622 模拟量 I/O 模块、DC 632 数字量 I/O 模块、DX 631 数字量 I/O 模块、DX 622 数字量 I/O 模块。

4.2.5　I/O 模块

HT 600 系统有本地、远程两种 I/O 模块可供选择，其中本地 I/O 模块可以直接连接到 CPU 模块，远程 I/O 模块通过 Profibus-DP 总线可以灵活分布在本地或者生产现场。

注意：本地 I/O 模块也可作为远程 I/O 模块使用。

1. DC 632 数字量 I/O 模块

如图 4-10 所示，DC 632 数字量 I/O 模块可以连接 16 个 24 V DC 输入信号和 16 个 24 V DC 输出信号。DC 632 既可以作为本地 I/O 模块，也可以作为远程 I/O 模块，这个模块有 32 个通道。LED 指示灯用于指示信号状态、电源电压和通道故障。（1.0～1.7 和 2.0～2.7）是 16 个数字量输入通道，每个通道有一个黄色 LED 指示灯，当输入信号为高时 LED 灯亮（信号 1）；（3.0～3.7 和 4.0～4.7）是 16 个可组态输入/输出通道，每个通道有一个黄色 LED 指示灯，当输入/输出信号为高时 LED 灯亮（信号 1）。

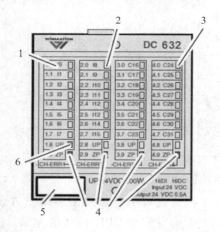

1—端子号和信号名称；
2—输入信号I0～I15状态(黄)；
3—信号C16～C31状态(黄)；
4—通道故障灯(红)；
5—标签固定器；
6—电源电压(绿)

图 4-10　DC 632 数字量 I/O 模块

DC 632 数字量 I/O 模块具有以下特点：

（1）16 个数字量输入，24 V DC，两组（1.0～1.7 和 2.0～2.7）。

（2）16 个数字量输入/输出（可组态），两组（3.0～3.7 和 4.0～4.7），每个都可作为输入或作为晶体管输出（有短路、过载保护，0.5 A 额定电流），也可以任意组合输入／输出。

DC 632 本身不能存储任何配置组态数据，可组态的 16 个通道可通过它们的接线方式和在 WinConfig 软件中的用户程序来分配其输入或输出。

可通过 WinConfig 工程师站软件编辑其参数数据。

2. AI 623 模拟量输入模块

如图 4 – 11 所示，AI 623 模拟量输入模块提供 16 个通道，各个通道均可组态。该模块既可以作为本地 I／O 模块，也可以作为远程 I／O 模块，可用于输入电流、电压或温度信号，信号范围可根据相应的输入类型选择。

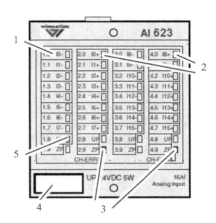

1—端子号和信号名称；
2—输入信号I0～I15状态(黄)；
3—通道故障灯(红)；
4—标签固定器；
5—电源电压(绿)

图 4 – 11 AI 623 模拟量输入模块

16 个模拟量输入的默认设置是"未使用"，其余可独立配置的信号组态类型包括：

(1) 0～+10 V。

(2) −10～+10 V。

(3) 0/4～20 mA。

(4) Pt100，−50℃～+400℃（2 线制）。

(5) Pt100，−50℃～+400℃（3 线制，需两个通道）。

(6) Pt100，−50℃～+70℃（2 线制）。

(7) Pt100，−50℃～+70℃（3 线制，需两个通道）。

(8) Pt1000，−50℃～+400℃（2 线制）。

(9) Pt1000，−50℃～+400℃（3 线制，需两个通道）。

(10) Ni1000，−50℃～+400℃（2 线制）。

(11) Ni1000，−50℃～+400℃（3 线制，需两个通道）。

(12) 0～10 V 差动输入，需要两个通道。

(13) −0 V～+10 V 差动输入，需要两个通道。

(14) 数字量信号（数字量输入）。

其他常见模块的类型、输入／输出信号等见表 4 – 5。

表 4 - 5　其他常用 I/O 模块

模块名	类　型	输入信号	输出信号
AX 622 模拟量 I/O 模块 （本地模块）	8 个 AI 通道，用于电流、电压或温度信号输入，8 个 AO 通道，用于电流或电压信号输出	0～+10 V；−10～+10 V；0/4～20 mA；Pt100/Pt1000；Ni1000、DI	Ch0～3：−10～+10 V；0/4～20 mA。Ch4～7：−10～+10 V
AO 623 模拟量输出模块 （本地模块）	16 个可组态的模拟量输出，2 组（1.0～2.7 和 3.0～4.7），支持电流或电压信号		Ch0～3 和 Ch8～11：−10～+10 V；0/4～20 mA。Ch4～7 和 Ch12～15：−10～+10 V
DI 624 数字量输入模块 （远程模块）	32 个开关量输入，4 组（1.0～1.7，2.0～2.7，3.0～3.7，4.0～4.7）	24 V DC 输入信号，1 - wire	
DC 623 数字量 I/O 模块 （远程模块）	可连接 24 个开关量输入/输出信号（2.0～2.7，3.0～3.7，4.0～4.7）	DC 24 V（2/3 线制，如只有 24 通道需求）	DC 24 V、0.5 A
DC 622 数字量 I/O 模块 （远程模块）	有 16 个通道，连接 16 个开关量；处理数字量输入/输出，各个通道均可单独组态	DC 24 V（2/3 线制，如只有 16 通道需求）	DC 24 V、0.5 A

模块 DC 605 用于 Profibus 总线的远程 I/O 模块，它是 DP 从站通信模块，内含 8 路开关量输入，8 路可组态的开关量输入/输出。

对于 SP 600 过程站，需要配置的基本组件包括：CPU 端子底座 TB 711F 、CPU 模块 PM 683、空槽护板 TA 624，用于保护未使用的通信口、CPU 的锂电池 TA 621 等。

SP 600 过程站安装的基本步骤如下：

（1）在 DIN 导轨上扣上 CPU 端子底座 TB 711F。

（2）按需在 DIN 导轨上扣上 1 个或多个 I/O 端子单元 TU 715F。

（3）通过线缆连接传感器和执行器至相应的模块，并提供必要的外部工程电源电压。

（4）安装 CPU 模块 PM 683 和空槽护板 TA 624 至 TB 711F。

（5）根据具体需求安装 I/O 模块 DC 632、AI 623 等至 TU 715F。

（6）将锂电池装入 PM 683 模块上的电池安装槽。

（7）通过以太网系统总线将过程站连接到工程师站。

（8）先打开过程供电电源，然后给 SP 600 过程站供电。

（9）设置 IP 地址。

（10）配置工程软件 WinConfig 来建立新的过程站。

4.2.6　仿真控制器 Emulator

可以把应用程序下载到 Emulator 资源上，运行逻辑并检查编程错误。要使用该仿真控制器，首先要安装软件，如图 4 - 12 所示。在 HT 600 控制系统软件包的安装选项中，要确认其仿真控制器"Controller Emulator"被选中，然后按照安装向导安装软件。

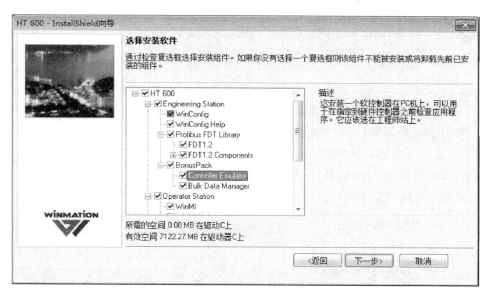

图 4 - 12　Emulator 安装选项

在安装好 HT 600 控制系统软件包之后，重新启动 PC，然后利用浏览器(建议使用 IE 浏览器)进入仿真控制器的服务程序窗口。如图 4 - 13 所示，在浏览器的地址栏中输入"http://127.0.0.1:8888"，这时将显示仿真控制器的管理界面，输入控制器的资源 ID 号(图中所示仿真控制器的资源 ID 号为 2)，然后点击"Start Controller"按钮启动控制器，若出现如图 4 - 14 所示的浏览器窗口画面，则表示仿真控制器已启动成功。

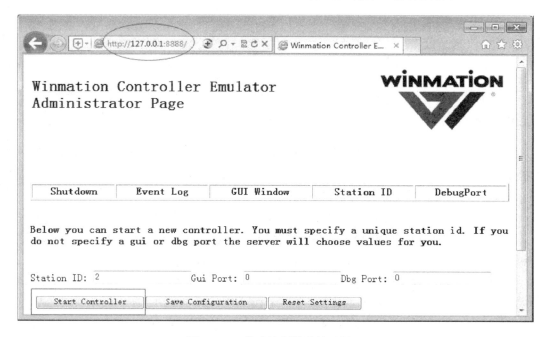

图 4 - 13　仿真控制器的管理界面

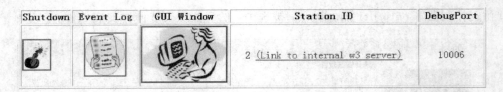

Shutdown	Event Log	GUI Window	Station ID	DebugPort
			2 (Link to internal w3 server)	10006

图 4 - 14　2号仿真控制器启动成功画面

如没有出现仿真控制器管理界面，则表示仿真控制器没有启动成功，这时不妨关闭浏览器，注销电脑，然后再次打开浏览器。

若还是无法开启仿真控制器，则需检查其系统服务是否运行正常。如图 4 - 15 所示，通过路径"计算机管理"→"服务"，找到"Winmation Controller Emulator Service"，确认状态为"已启动"及启动类型为"自动"。

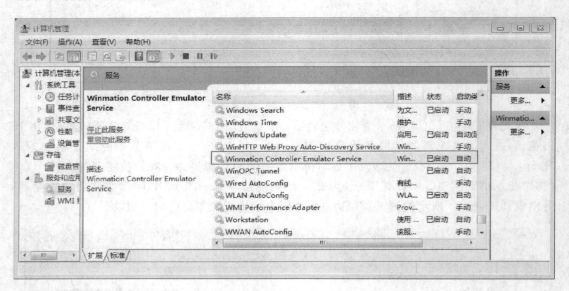

图 4 - 15　仿真控制器服务

4.2.7　网关

网关站 D - GS，用于其他系统访问系统数据。原则上，系统的所有数据都可以通过网关站被其他系统访问。另外，系统的每个网关站都需要安装相应的服务器软件包，如 OPC Server、Trend Server，而且需要挂在系统网络上。

对于每个网关站，可以通过组态，指定哪些标签和变量可通过网关站被其他系统读写。对应硬件结构中的一个物理站点，通过指定一个 GWY 标签表示这是一个网关站。在系统调试期间，通过加载网关站，指定数据就可以被其他站访问。

HT 600 控制系统有下列两种类型的网关，挂在系统网络上的样子如图 4 - 16 所示。

（1）OPC 网关。OPC 网关运行于安装有 OPC 服务器的 PC 上。

（2）TRN 网关。TRN（趋势）网关在一台装有趋势服务器的 PC 上运行。

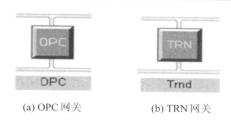

(a) OPC 网关　　　　　(b) TRN 网关

图 4 - 16　HT 600 的网关

4.3　HT 600 控制系统软件安装

使用 WinCS 软件需要严格遵照软件安装需求，对操作系统、防病毒软件、显示屏分辨率、虚拟内容、网络设置等进行正确的选择与设置。

WinCS 软件有多个版本，不同版本适用的操作系统不一样。如 HT 600(V1.1)软件支持 32 位微软操作系统，但是不支持微软 64 位操作系统。而 WinCS V3.1 软件支持 Windows 7 专业版(32/64 位)、Microsoft Windows 10 专业版(32/64 位)。

HT 600 控制系统使用标准 TCP/IP 协议，所有项目中的资源节点都需要正确设置 IP 地址，有标准和自定义两种模式，一般建议使用标准模式。

4.3.1　网络设置

CPU 模块 PM 683 建议直接通过它的面板控制键来设定 IP 地址(1～64)，地址的前三段默认为 172.16.1，子网掩码默认是 255.255.240.0。

PC 的 IP 和子网掩码必须遵循 PM 683 的地址设置规范。对于 HT 600 控制系统，建议 PC 的 IP 地址范围是 172.16.1.20～172.16.1.255。

PC 端 IP 地址设定流程如下：

（1）开始→网络→属性→TCP/IPv4→属性。

（2）输入给定 PC 的 IP 地址(例如：172.16.1.22)。

（3）子网掩码固定为 255.255.240.0。

（4）用 ping 命令检查设置(如 ping 172.16.1.22)。

如果显示正常，如图 4 - 17 所示，则表示该 PC 的 TCP/IP 设置正确。如果 PC 已经连接到物理网络环境，利用该命令 ping 控制器的 IP 地址如果也是正常，则表示 PC 已经正常加入到系统网络中。

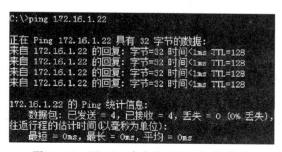

图 4 - 17　用 ping 命令检查 PC 的 IP 地址

4.3.2　软件安装过程

对于安装模式，有演示模式和生产模式之分，如图 4 - 18 所示。演示模式用于演示和实验目的。生产模式用于实际工厂生产环境，安装软件会对 PC 自动做一些安全功能设置，如 WinMI 自动启动，将软件安装到一个非操作系统盘上。

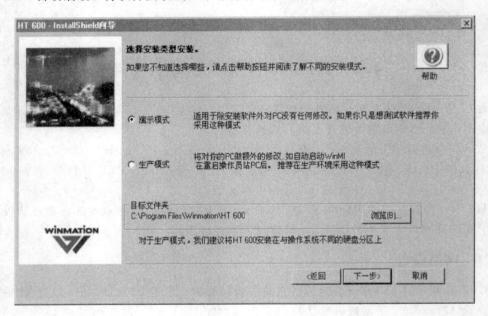

图 4 - 18　选择安装类型

要确定想要安装站的类型。PC 资源在项目中充当的角色并非都一样，安装软件会根据用户选择自动筛选相关软件进行安装。对于初学者来说，建议选择如图 4 - 19 所示的站类型。

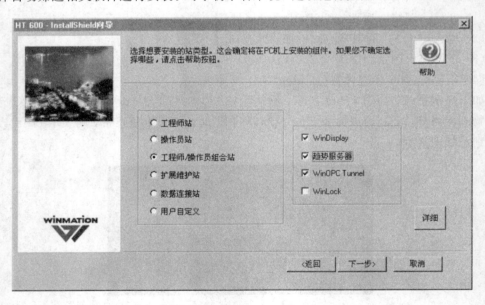

图 4 - 19　安装的站类型

根据提示，当 HT 600 软件安装完成后，建议在运行程序之前重新启动计算机。

4.3.3　WinAdmin 运行环境设置

在安装过程中，安装向导将提示进行时钟同步或资源 ID 等系统设置。当然，也可以在安装完后通过 WinAdmin 运行配置工具进行系统设置。

1. 通用设置

启动 WinAdmin，其通用设置如图 4-20 所示。

图 4-20　WinAdmin 通用设置

安装过程中会提示指定 PC 的 IP 地址和子网掩码，要求该 IP 地址和 PC 网络属性中设置的 IP 地址相同。IP 地址是设备在网络中的唯一标识，IP 地址一般使用系统默认的方式：172.16.1.x。另外，所有网络节点设备上的子网掩码必须是 255.255.240.0。

所谓的时间同步，指的是 PC 的时钟和过程站主时钟服务器保持同步，若要使用 WinMI 软件和趋势服务，则要激活时间同步功能。

注意：安装有 WinConfig 的 PC，资源 ID 在整个系统中必须唯一。在同一台 PC 上可以安装多个应用，如 WinConfig、OPC 和 WinMI 等，但所分配的 IP 地址与资源 ID 组合而成的地址必须是唯一的。

2. WinConfig 和 WinMI 设置

WinConfig 设置主要是对其资源 ID 分配编号。如图 4-21 所示，给 WinConfig 分配的资源 ID 号是 48。为了确保 HT 600 控制系统多个软件包能明确识别，每个软件包都要分配一个唯一的编号（ID 号）。WinConfig 内所有资源必须有唯一的资源 ID。

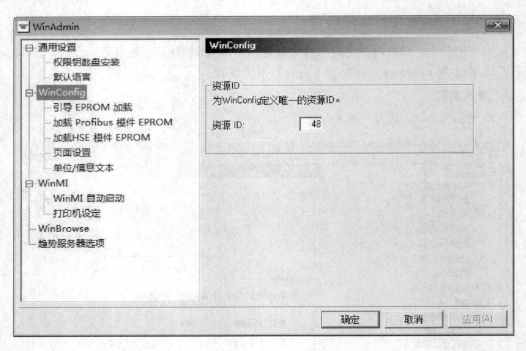

图 4 - 21　WinConfig 资源 ID 号设置

在图 4 - 22 中，给 WinMI 分配了一个资源，其 ID 号是 22。

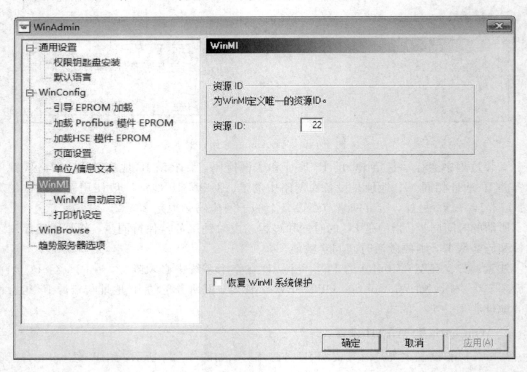

图 4 - 22　WinMI 资源 ID 号设置

3. 趋势服务器选项

如图 4 - 23 所示，在趋势服务器设置窗口中输入趋势服务器的资源 ID 号（图中为 31 号），就可以在系统中创建趋势服务器并可以被其他资源，如操作员站等识别。

如果要修改趋势服务器 ID 号，则可以重新输入数值并点击"修改 ID"。如果要删除一个趋势服务器，则先删除 ID 号，然后点击"修改 ID"即可。

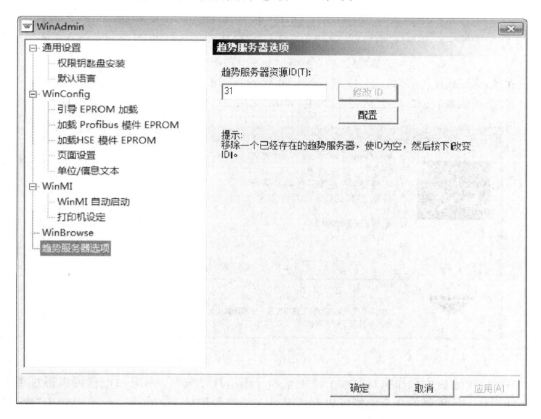

图 4 - 23　趋势服务器设置

4.4　HT 600 控制系统的项目树及对象

4.4.1　项目管理器基本操作

WinConfig 软件的基础平台是项目管理器，通过项目管理器可以方便地进行组态、编辑、调试及输出项目文档。

WinConfig 软件启动后，若没有检测到有效授权，则会以演示模式运行，如图 4 - 24 所示。演示模式期限是 100 天（从软件安装开始算起），时间到后 WinConfig 软件将无法使用。若还需要运行 WinConfig 软件于演示模式，则可以使用重新安装 HT 600 软件的方法来实现。

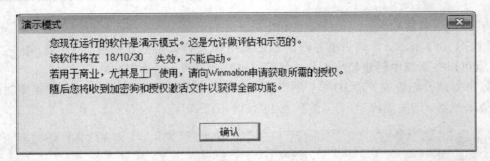

图 4-24 WinConfig 软件的演示模式

在图 4-24 上点击"确认"按钮，会出现 WinConfig 节点基本信息对话框，如图 4-25 所示。"系统识别：127.0.0.1"表示的是 WinConfig 软件运行 PC 节点的 IP 地址。

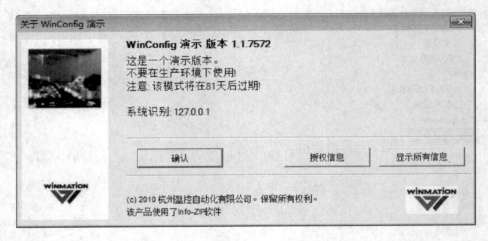

图 4-25 WinConfig 节点基本信息对话框

WinConfig 应用程序窗口有一个菜单栏和一组工具栏按钮，所有功能都可以通过菜单来访问操作，最重要的几个功能可以直接通过工具栏按钮访问。在图 4-25 中点击"确认"按钮，将会进入项目管理器界面，如图 4-26 所示。

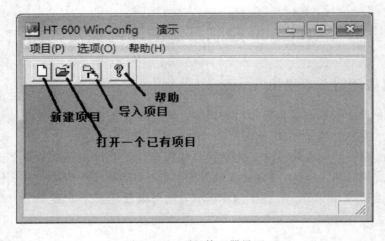

图 4-26 项目管理器界面

　　点击图 4 - 26 中的新建项目功能按钮，会出现"配置：项目要点信息"窗口，在该窗口中输入项目名称（如 test）和项目管理者等信息后，点击"确认"按钮后，即新建了一个叫"test"的项目文件，如图 4 - 27 所示。

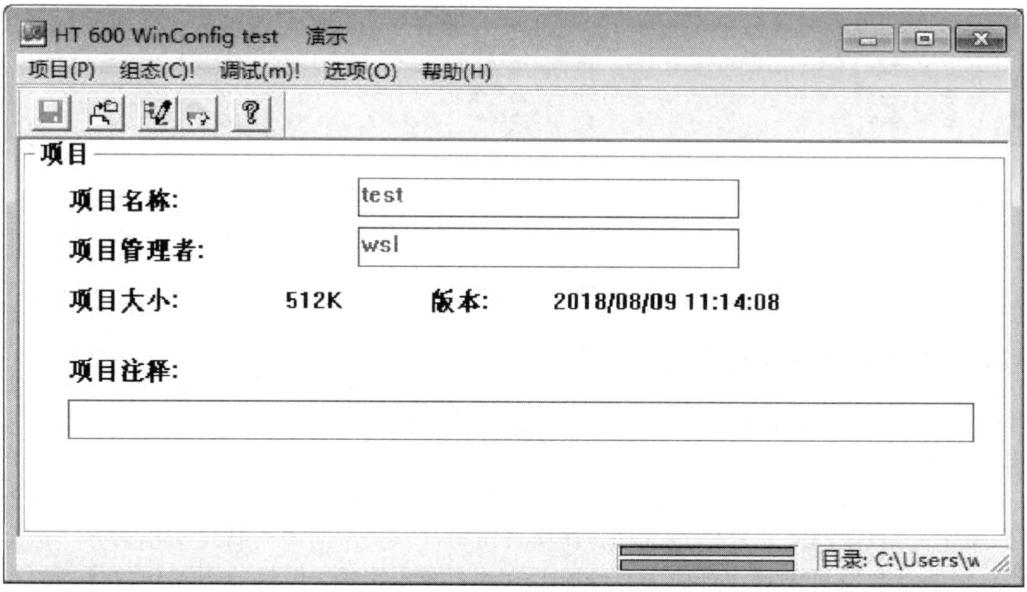

HT 600 WinConfig test　演示　　　　　　　　　　　　□ ▫ ✕

项目(P)　组态(C)!　调试(m)!　选项(O)　帮助(H)

💾　📂　✍　↩　❓

┌── **项目** ──────────────────────────────────┐

　　项目名称：　　　test

　　项目管理者：　　wsl

　　项目大小：　　512K　　　**版本：**　　2018/08/09 11:14:08

　　项目注释：

　　┌──────────────────────────────────┐
　　└──────────────────────────────────┘

　　　　　　　　　　　　　　　　　　　　　目录：C:\Users\w

图 4 - 27　新建项目窗口

　　注意："项目名称"必须输入，最大 12 个字符，可以与项目文件名称不一致。"项目管理者"最多可以输入 27 个字符，"项目注释"最多可以输入 34 个字符。

　　新建项目窗口包含了几个用于项目级的功能按钮，每个按钮的功能如图 4 - 28 所示。

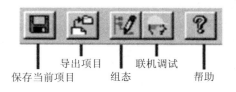

图 4 - 28　功能按钮的含义

　　若要退出项目，在如图 4 - 27 所示的项目窗口界面中点击"项目"→"退出"即可。当然，也可以点击该窗口右上角的退出键"✕"来直接退出项目。

　　若点击图 4 - 28 中的"组态"功能按钮，则会进入项目组态窗口。组态窗口工具栏按钮的含义见图 4 - 29。若点击"项目"→"退出"，则可以回到"新建项目窗口"，也可以直接点击该窗口右上角的退出键"✕"直接退出项目。

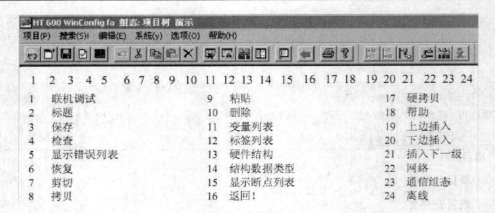

1	联机调试	9 粘贴	17 硬拷贝
2	标题	10 删除	18 帮助
3	保存	11 变量列表	19 上边插入
4	检查	12 标签列表	20 下边插入
5	显示错误列表	13 硬件结构	21 插入下一级
6	恢复	14 结构数据类型	22 网络
7	剪切	15 显示断点列表	23 通信组态
8	拷贝	16 返回!	24 离线

图 4-29　工具栏按钮的含义

4.4.2　创建项目树及对象的操作流程

HT 600 控制系统使用项目树的形式来进行规划和管理，搭建项目编程环境的主要任务就是创建项目树和对象。

如图 4-30 所示，WinConfig 通过一个树形结构来管理所有的项目对象，并且每个节点（如操作员站）或功能元素（如暂存池）在项目树中都以一个对象的特定类型表示。每个对象都有一些参数需要设置，同时在项目树上有一个节点图标，图标的不同颜色代表的含义不同。系统的各种对象按照预先设定的顺序放置在不同的层级下面。

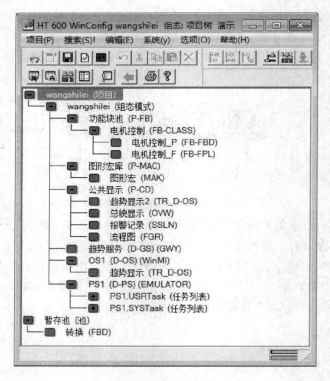

图 4-30　项目树结构

创建项目树及对象的典型步骤如下:

(1) 根据高亮光标所在位置,合理选择"插入下一级"或者"插入下一个"。

(2) 根据限定的"对象选择"列表,找到需要的目标对象。

(3) 点击"确认"按钮进入对象组态参数设置对话界面。

(4) 输入必须设置的参数,如对象名称等,再输入其他参数。

(5) 点击"确认"按钮,退出。

一个项目中级别最高的元素是"组态 CONF",所有用户程序都在 CONF 对象下,它覆盖所有配置的组态数据。"组态 CONF"下一级结构由各种资源组成,这些资源代表项目中各种不同的站。创建 CONF 对象的具体操作流程见图 4 - 31。

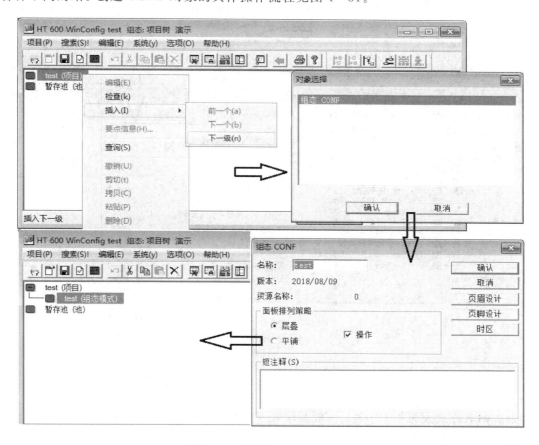

图 4 - 31　创建 CONF 对象流程

对于过程本身的处理来说,有 D - PS(过程站)资源;对于过程的操作和观察,有 D - OS(操作员站)资源;对于外部系统的连接,有 D - GS(网关站)资源;对于外部系统的数据整合,有 OPC 服务器资源。此外还有其他的结构元素,如用户定义功能块池 P - FB、图形宏 P - MAK 以及全局显示库 D - POOL 等。

1. 过程站 D - PS

过程站 D - PS 包括由控制器组成的过程站硬件组态和准备下载并运行的所有控制应用程序。它与在硬件结构中组态的站相关联。过程站(PS)可以选择 SP 600 控制器(SP

600)、SP 610 控制器(SP 610)或仿真控制器(EMULATOR)等。

插入一个过程站的具体操作流程见图 4-32。

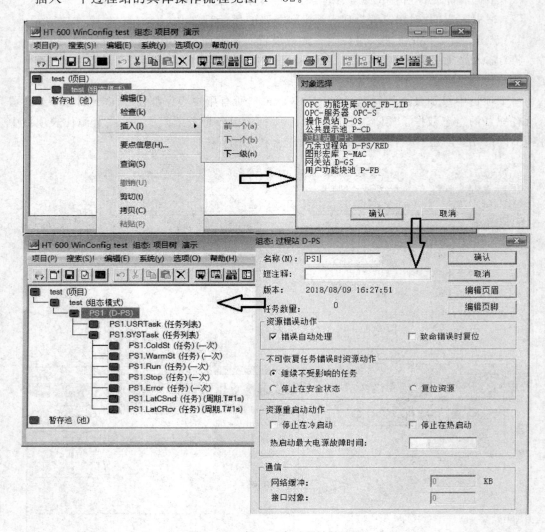

图 4-32　插入一个过程站的流程

过程站名称最大为 4 个字符，一般要输入一个便于理解的名称。图 4-30 中，建立的过程站名称是 PS1。

若"过程站名称＋资源标识(D-PS)"后无内容，则表示该资源没有指定给实际硬件。如果已进行硬件结构组态并把资源指定给控制器，则在资源标识(D-PS)后会显示控制器类型，如"过程站名称＋(D-PS)(SP 600)"或"过程站名称＋(D-PS)(EMULATOR)"等。图 4-30 中建立的过程站为"PS1(D-PS)(EMULATOR)"。

WinConfig 在过程站资源下自动生成两种类型的任务列表，如图 4-32 所示。"USRTask"下面包含了按需添加的所有组态用户程序；"SYSTask"下面包含由控制器控制执行的标准程序。典型系统任务类型在控制器程序下载时已自动创建，根据控制器状态触发执行一次，将影响用户应用程序的执行。一般情况下，不需要编辑、修改"SYSTask"下面的预定义标准程序任务列表。

在图 4-33 中，HT 600 建立了"任务 Task"，它属于周期性任务（默认周期时间是 500 ms），用于那些必须在周期时间内处理的程序，如模拟量监控等。在"任务 Task"组态任务窗口中，可以定义任务周期时间和任务的优先级。每个过程站资源下最多可以组态 8 个周期性任务，如图 4-34 所示。

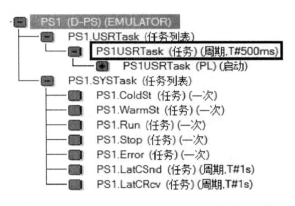

图 4-33　任务及任务列表层级结构

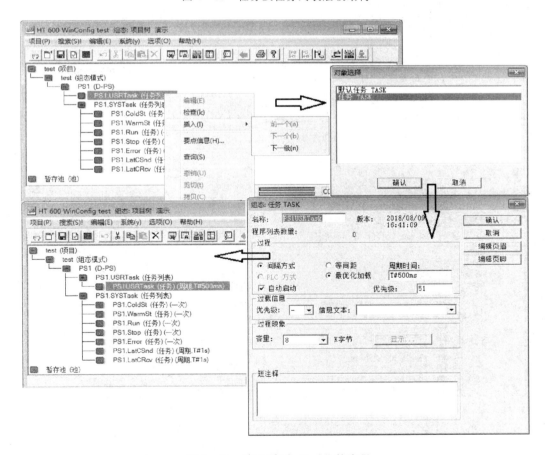

图 4-34　建立"任务 Task"的流程

　　"等间距"是指任务以有规律的间隔时间触发运行，即从任务第一次运行开始，就指定一系列等间距的时间间隔以触发任务的循环执行。"最优化加载"模式下，在任务运行期间不断重新进行时间计算，每次任务执行计算决定了其下次执行的时间。在过载情况下小范围地延长所定义的时间间隔，可以保证系统负荷保持在正常范围内。

　　除了"任务 Task"，HT600 控制系统还提供了"默认 Task"，它又称为"PLC 任务"，是一种没有其他周期性任务执行时，CPU 频繁执行的任务。这种任务的优先级最低，没有时效性。每个过程站下面最多可以组态 1 个"默认 Task"。

　　2. 操作员站 D－OS

　　操作员站 D－OS 是 DCS 的一个重要组成部分，是人和 DCS 互通信息的接口，是为操作人员提供的能够最有效地观察、操作和管理整个过程控制系统的窗口和工具，同时它还为企业的工艺人员、工程师以及管理层等提供所需要的数据和信息。

　　操作员站用于对过程对象的操作和监控，D－OS 资源可以选择使用 WinMI 软件的操作员站。该操作员站的名称最大为 4 个字符，一般要输入一个便于理解的名称。如图 4－35 所示是建立一个操作员站的流程图，其建立的操作员站名称是 OS1。

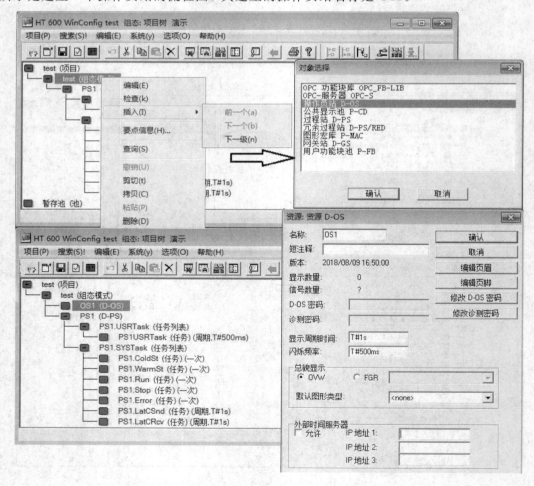

图 4－35　建立一个操作员站的流程图

3. 网关站 D－GS

网关站 D－GS 用于其他系统访问 HT 600 系统数据。系统的每个网关站都需要安装相应的服务器软件包,如 OPC Server、Trend Server,而且要作为一个 D－GS 对象挂在系统网络上。

4. 用户功能块池 P－FB

允许用户创建自己的功能块。当需要多次使用包含某些特殊应用的功能或对某个工艺装置有独到经验和诀窍时,可以设计成用户功能块并存储在库中。用户功能块可以导出为块文件,然后导入到其他项目中使用。要使用用户功能块,首先要在用户功能块池(P－FB)中创建用户功能块类,确定其输入/输出引脚,编写用户功能块程序代码,定义操作面板和参数窗口,然后才可以在过程站应用程序中,利用"块"菜单,创建一个或者多个用户功能块的实例。

在图 4－30 中,双击"电机控制",就进入"用户功能块变量"窗口。如图 4－36 所示,在该窗口中新建了 RN、AUTO 等变量。VAR_IN 是用户功能块的输入引脚,VAR_OUT 是用户功能块的输出引脚,VAR_DPS 是用户功能块内部变量。

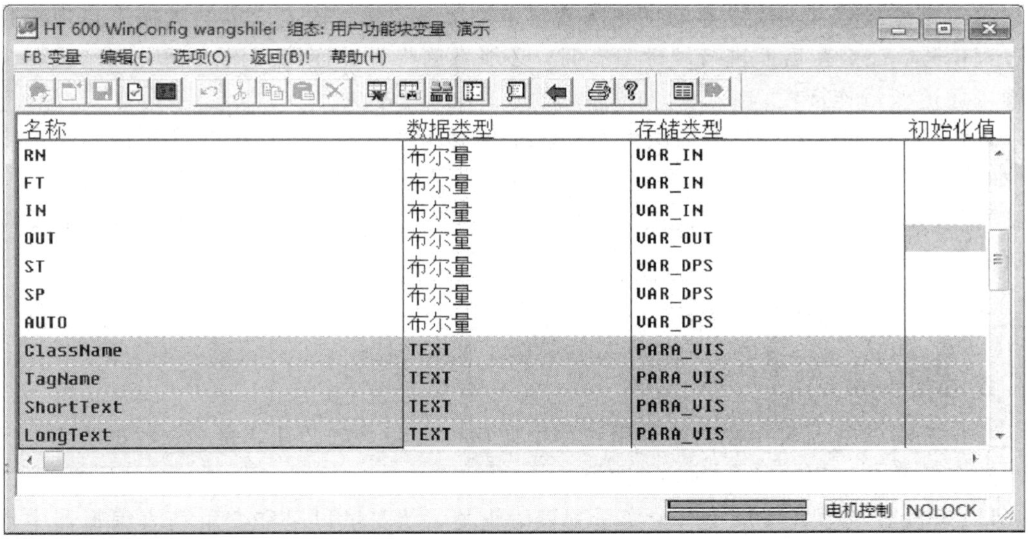

图 4－36　"用户功能块变量"窗口

5. 公共显示池 P－CD

在公共显示池 P－CD 项目对象下建立的图形显示或记录,原则上可以用于所有的 WinMI 操作员站。

6. 图形宏库 P－MAC

图形宏库 P－MAC 在元素下可定义所有的图形宏,并可用于图形显示中。

7. 暂存池

暂存池是一个项目元素的"存储器",可以根据需要临时存放任何项目元素或者不完善的程序等。在项目树和暂存池之间移动元素,只需要单击该元素并拖到合适位置即可。当往项目中导入项目元素时，也先要保存在暂存池中，然后从暂存池再拖到相应的资源或任务中。

4.5　变量和标签

本节主要介绍通过变量列表，对控制站应用程序中的变量和标签进行声明和管理，在变量列表和标签列表中，声明应用程序中将要使用的部分变量和标签。

4.5.1　变量的定义

HT 600 控制系统的过程站中，通过变量来存储和处理过程信息。在编程过程中，不直接针对物理的内存地址或 I/O 通道地址进行编程，而是先声明一些具有一定含义的变量名，作为功能块的输入、输出变量。程序中的功能块读取输入变量的值，经功能块的运算处理后将处理结果送到输出变量。

每个变量必须有一个全局范围内唯一的变量名称（区分大小写字母），除此之外每个变量还必须指定其数据类型、所属控制站资源、过程映像和输入属性。为便于程序阅读，还可以给每个变量定义一个文字说明作为变量的注释。若某些输入变量的数据来自现场仪表的过程信号，那么在后面进行硬件组态时，必须将这些变量连接到输入模块 I/O 编辑窗口的输入通道变量连接栏。

HT 600 控制系统变量分为两大类：系统变量和过程变量。系统变量在每创建一个资源（如控制站、网关站等）时自动创建，不需要编程人员专门声明，用于存储该资源的一些详细的状态信息。过程变量是应用程序中进行读写的变量，用于存储过程信息，需要编程人员在使用前对每一个变量进行变量声明。

4.5.2　变量列表常用操作

1. 变量声明

变量声明就是创建在控制站应用程序中使用的变量，定义其变量名、数据类型、所属控制站资源及其过程映像和输出属性等。

HT 600 控制系统提供了一个变量列表编辑器，新变量可以在变量列表编辑器中创建并声明。在项目管理器中单击"系统"→"变量列表"或通过点击工具栏上的变量列表按钮，打开变量列表，如图 4-37 所示。

下面对变量列表几个主要的栏目进行说明。

（1）名称：变量名（最多 16 个字符）。

（2）注释：变量的文字描述和说明，最多 33 个字符，可输入中文。

（3）类型：变量的数据类型。

（4）资源：变量会分配到一个资源（过程站），定义了变量的输出属性 X 为 Y(yes)，其他资源才可以读取该变量。

（5）X：变量输出属性。定义为 Y，表示变量可以被其他资源读取；定义为 N，表示变量只能被自身资源使用。

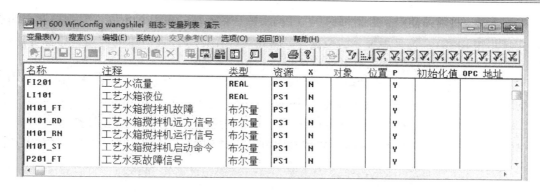

图 4 - 37　变量列表

（6）P：变量过程映像属性。定义为 Y，表示该变量为过程映像变量；定义为 N，表示该变量为非过程映像变量（在程序中直接处理）。

（7）初始化值：变量在资源（过程站）冷启动时的默认值。

（8）OPC 地址：一个在 OPC 服务器上的变量的地址或名称。

变量的数据类型是一个变量存储方式的说明。HT 600 控制系统支持基本数据类型，包括布尔型（BOOL）、实型（REAL）和整型（INT）等。

表 4 - 6 是 HT 600 控制系统基本数据类型一览表。

表 4 - 6　HT 600 控制系统的基本数据类型

数据类型	位	数值范围	注释	输入格式样例
REAL[1][2]	32	$\pm 1.175\,494\,351\,E - 38 \sim$ $\pm 3.402\,823\,466\,E38$	浮点型	0.0；$3.141\,59$；$-1.34E - 12$ $12.6789\,E\,10$
DINT	32	$-2\,147\,483\,648 \sim$ $+2\,147\,483\,647$	有符号双整型	$-34\,355$；$+34\,582$
INT[1]	16	$-32\,768 \sim +32\,767$	有符号整型	3；-4；364
UDINT	32	$0 \sim 4\,294\,967\,295$	无符号双整型	4567；6710
UINT	16	$0 \sim 65\,535$	无符号整型	4000；356
DWORD	32	$0 \sim 4\,294\,967\,295$ $(0 \sim 2^{32} - 1)$	双字	2；655；$2\#0\cdots 0\cdots 0\cdots 0\cdots 0\cdots 0\cdots 0001$ $8\#000\,000\,000\,074$；$16\#0000\,0FFF$
WORD	16	$0 \sim 65\,535$ $(0 \sim 2^{16} - 1)$	字	2；536；$2\#0000\,0011\,0000\,0010$； $8\#000\,004$；$16\#0FCE$
BYTE	8	$0 \sim 255$ $(0 \sim 2^{8} - 1)$	字节	0；55；$2\#0000\,0011$；$8\#377$；$16\#0A$；
BOOL[1]	1	0，1（假，真）	布尔量	0；1；假；真
DT	64	$1970 - 01 - 01 - 00:00:00.000$ $20099 - 12 - 31 - 23:$ $59:59:59.999$	日期、时间	$DT\#1996 - 08 - 14 - 12:00:00:00.000$
TIME	32	$-24d10h31m23s648ms$ $+24d10h31m23s648ms$	时间	$T\#22S$；$T\#3m30s$

注：① 这是最常用的 3 种数据类型，应用场合约占 98%。

② 其书写格式为 XX.0，去掉小数部分就成了 INT 型数据。

变量也可以在 FBD 编辑器、硬件 I/O 编辑器、操作员站组态等不同位置创建和声明。由于 HT 600 控制系统采用统一的数据库，因此无论在什么位置声明的变量，都将自动添加到变量列表中，通过变量列表对所有变量进行统一管理。

通过变量列表工具栏上的"编辑"→"插入新变量"命令可以输入新变量。在图 4-37 的变量列表编辑区点击鼠标右键，选择"插入新变量"也可以输入新变量。

如图 4-38 所示，在"插入新变量"对话框中，声明了 1 个新的变量。该变量的名称是 LI101，是 REAL 型数据类型，所属资源是 PS1，并对该变量进行了注释。

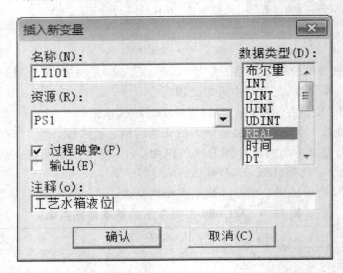

图 4-38　插入新变量 LI101 对话框

下面对"插入新变量"对话框中的参数进行说明。

（1）名称：显示声明的变量名（最多 16 个字符）。

（2）资源：在下拉列表框选择该变量所属资源，这里选择 PS1 表示变量 LI101 存储在过程站 PS1 中。

（3）数据类型：该列表框指定变量的数据类型。

（4）输出：如选中"输出"则表示该变量可以被其他控制器访问。默认情况下，变量只能在其所指定的资源（过程站）中使用。

（5）过程映像：如选中"过程映像"，则表示该变量具有过程映像属性。具有过程映像属性的变量，存储在过程站控制器的过程映像缓冲区中，在任务开始时读取输入变量，任务结束后统一输出。

（6）注释：输入变量的文字注释和说明。

注意：应给变量起一个简单且容易理解的变量名或直接使用仪表位号来命名变量。整个系统变量名唯一，不允许变量重名。变量名中至少包含一个字母，以便与常数区分。变量名中除了"_"，不要使用其他特殊符号。关键字不要用于变量名。只有确实需要被其他控制站访问的变量，才勾选其"输出"属性。

2. 查找变量

单击"搜索"→"直接输入"，出现"直接输入"对话框，在该对话框中输入变量名，系统会立即跳到与输入变量名称一致的第一个变量上。在图 4 - 39 中，在变量名称中输入"M101_RD"，将跳至变量列表中的该变量名称上。

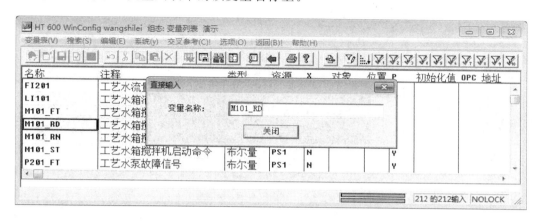

图 4 - 39　查找变量

3. 筛选变量

在变量列表中，可以根据"名称"、"数据类型"、"资源"等进行变量的筛选，最多可以有 10 个筛选项。在变量列表窗口点击"搜索"→"定义"，会出现筛选对话框。在图 4 - 40 中，选择启用 1 号筛选，只显示"布尔量"数据类型，同时要求不显示系统变量。

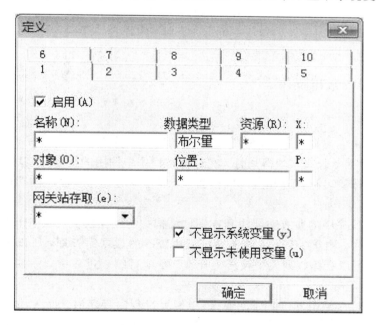

图 4 - 40　筛选变量

4. 删除变量

在变量列表中，一次可以删除一个或多个变量。如图 4 - 41 所示，通过鼠标拖拉，选中要删除的变量，然后点击鼠标右键，在菜单中选择"删除"，即可将所选变量从变量列表中删除。

如果删除的是在组态程序中已使用的变量，则将提示该变量已使用的警告，并显示使用该变量的程序列表。

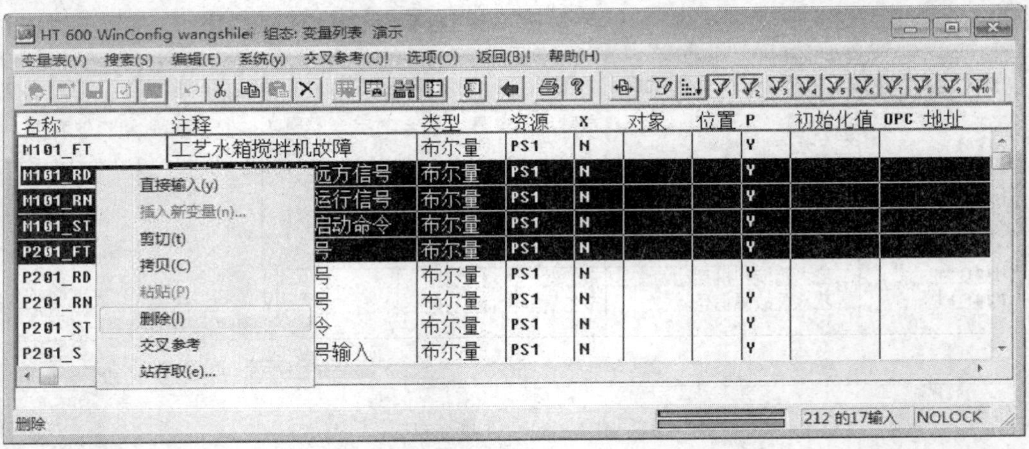

图 4-41　删除变量

4.5.3　标签的定义

HT 600 控制系统提供了大量的控制算法，包括调节控制、基本运算、开路控制、数据类型转换等功能块。标签指的是项目应用程序中所使用的功能块或硬件对象实例。在WinConfig中可以从不同位置创建或查询标签，如 FBD、FGR 图形编辑等。

每个标签有唯一的标签名。

4.5.4　标签列表常用操作

1. 标签声明

标签声明就是创建在项目应用程序中使用的功能块实例。标签声明定义了标签名、功能型、区域、短注释、长文本块等属性。在过程站程序中调用的所有功能块标签，都可以在操作员站上根据标签名称打开相应的操作面板，以便对过程站程序中的功能块进行监控和操作。

在项目应用程序中的所有功能块和在硬件结构中的硬件模块，都将作为一个标签自动添加到标签列表中。由于 HT 600 控制系统采用统一的数据库管理，所以无论在什么位置声明的标签，都可以在标签列表中被统一管理。在项目编程过程中，标签列表自动生成并自动更新。

通常在应用程序编辑器（如 FBD 编辑）中编写过程站程序时，插入功能块的同时须声明该功能块类型的标签。另外一种标签声明的方法是先在标签列表中声明标签，然后再在应用程序编辑器中使用。

在项目管理器中单击"系统"→"标签列表"或通过点击工具栏上的标签列表按钮，打开标签列表，如图 4-42 所示。

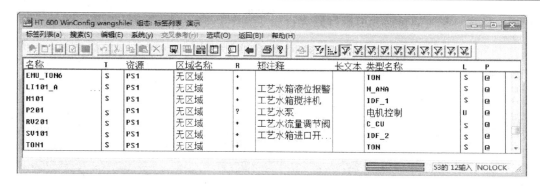

图 4 - 42　标签列表

下面对标签列表中的几个主要栏目进行说明。

(1) 名称：标签名(最多 16 个字符)。

(2) T：对象类型 T，有三种类型。第一种类型 S 为标准名称，是功能块的名称、SFC 程序的名称或硬件结构对象的名称，以及所有未使用的标签或对象。第二种类型 F 为形式名称，是用户自定义功能块 UFB 中调用的功能块。第三种类型 T 为模板名称，是硬件结构中的所有模板。

(3) 资源：指调用该功能块标签的过程站资源，"－－－"表示未指定资源。

(4) 区域名称：指标签所属的区域，用于限定不同区域的操作员站对标签的访问操作。最多可以定义 15 个区域(A～O)。所指定的工厂区域在项目导入/导出时可以保持，但在块导入/导出时不保持。

(5) R：处理信息，仅用于显示标签在过程站中执行处理的信息。"＋"表示功能块标签在过程站中执行。"－"表示功能块标签在过程站中不执行(硬件结构中的模块，其处理状态也显示为"－")。"？"表示功能块标签的执行处理未定义(对于用户自定义功能块 UFB、SFC 和 I/O 模块，也显示为"？")。

(6) 短注释：标签的短文本注释，最多 12 个字符。

(7) 长文本：标签的长文本说明，最多 30 个字符。

(8) 类型名称：功能块类型的名称，如 IDF_1 代表 IDF 单向单元功能块类型。

(9) L：库类型。包括三种类型，即：S，标准库；U，用户自定义功能块(UFB)；E，外部库(SFC 程序)。

(10) P：检测核对信息。分两种情况："@"表示功能块标签已通过检测核对；"U"表示功能块标签未经过检测核对。

注意：应给标签起一个简单易懂的标签名或者直接使用仪表位号来命名。整个系统中标签名唯一，不允许重命名。标签名必须以字母开头，最多 16 个字符。标签名中除了"_"，不要使用其他特殊符号。关键字不要用于标签名。标签必须指定一个功能块类型。在声明或使用标签时，建议输入该标签的短注释和长文本(可输入中文)。

2. 查找标签

单击"搜索"→"直接输入"菜单命令，在标签列表中按标签名称查找某个标签。当在"直接输入搜索"对话框中输入标签名称时，光标将立即跳到与输入标签名称一致的第 1 个标签上。在图 4 - 43 的标签名称中输入"M101"，则马上跳至标签列表中的该标签名称上。

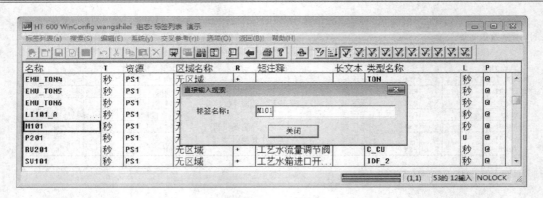

图 4 - 43 查找标签

3. 筛选标签

在标签列表中,可以根据"名称"、"T"、"R"等进行标签的筛选,最多可以有 10 个筛选项。通过选择相应的筛选项,可以使标签列表只显示指定筛选条件的标签。

在标签列表窗口点击"搜索"→"定义",出现筛选对话框窗口,在此可以定义筛选条件。还可以设定标签列表显示或不显示未使用的标签和仅显示带操作面板的标签。在图 4 - 44 中,选择启用 1 号筛选,仅要求显示带操作面板的标签。

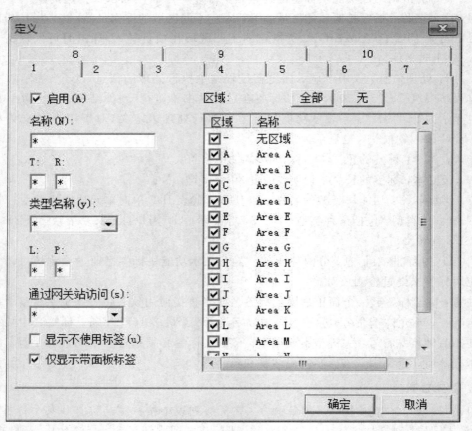

图 4 - 44 筛选标签

4. 删除标签

在标签列表中，一次可以删除一个或多个标签。如图 4-45 所示，通过鼠标拖拉，选中要删除的标签，然后点击鼠标右键，在菜单中选择"删除"，即可将所选的标签从标签列表中删除。

如果删除的是在组态程序中使用的功能块标签，则将提示该标签已使用警告，并显示使用该标签的程序列表。

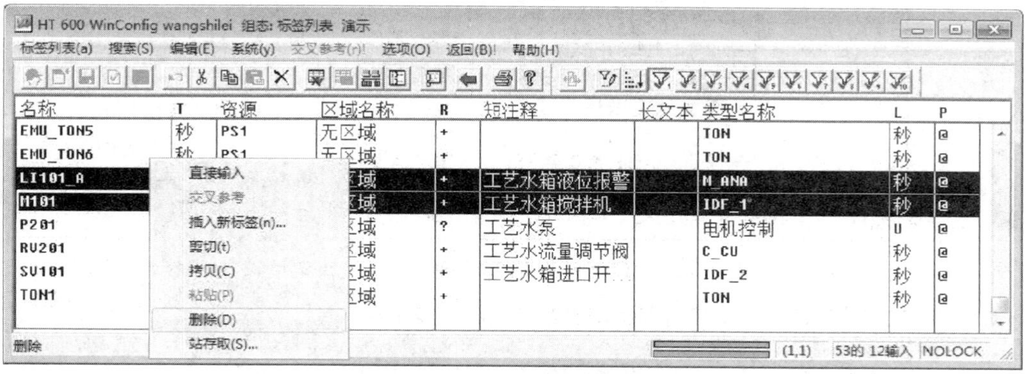

图 4-45　删除标签

5. 修改标签

在标签列表中可以修改标签名、区域、短注释和长文本。以鼠标双击要修改的部分，输入或选择修改内容即可。如要修改标签 P201 的名称，在标签列表的名称栏双击该标签，输入新修改的标签名后回车，系统会弹出更改标签提示对话框，单击"是"即可完成修改。

在标签列表中对一个标签的修改，将在整个项目范围内生效，即如果该标签在组态程序中已经使用，则修改后的标签在这些程序中会自动修改。

4.6　FBD 编程

FBD(功能块图)是基于 IEC 61131-3 标准的图形化编程方式，它通过简单放置并连接相应函数、功能块和变量，完成过程站控制策略程序的编制。在联机调试模式下，可以显示每个变量和信号连线的当前值。

一个 FBD 程序包括信号连线、变量和常数、函数和功能块等图形元素。

FBD 程序的信号流方向为从左到右，程序中功能块执行的顺序默认为编程时调用功能块的先后顺序，也可以单独设置每个功能块的执行顺序。

注意：FBD 程序位于 WinConfig 项目树中某个过程站指定任务下的程序列表(PL)中。

FBD 程序的具体创建步骤如下：

(1) 找到在 WinConfig 项目树中要插入 FBD 程序的位置。

(2) 如图 4-46 所示，通过鼠标右键选择"插入"→"前一个"、"下一个"或"下一级"。

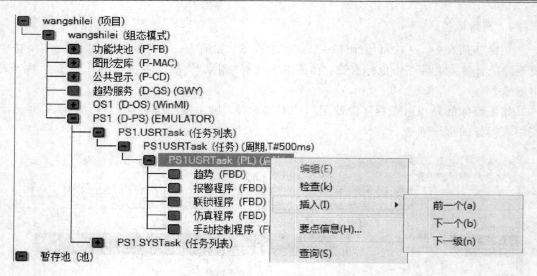

图 4-46 "程序列表 PL"右键选择下一级菜单

（3）在"对象选择"窗口双击"FBD 程序 FBD"，见图 4-47。

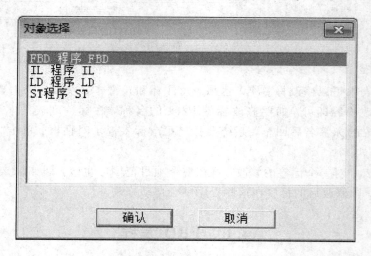

图 4-47 "对象选择"窗口

（4）在"FBD 程序"对话框输入新建的 FBD 程序名称，见图 4-48（如"手动控制程序"）。

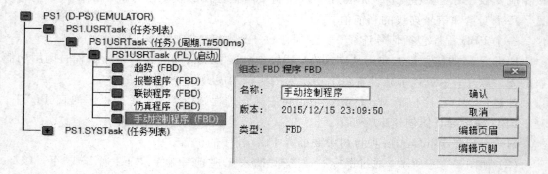

图 4-48 新建名为"手动控制程序"的 FBD

在 WinConfig 的项目树中用鼠标双击 FBD 程序，可以打开 FBD 编辑器，在此编辑器中可以对 FBD 程序进行编辑、修改和在线调试。图 4-49 中显示了"手动控制程序"的部分内容。图中显示了 4 个变量，这几个变量有前缀"@"，表示它们均为过程映像变量。

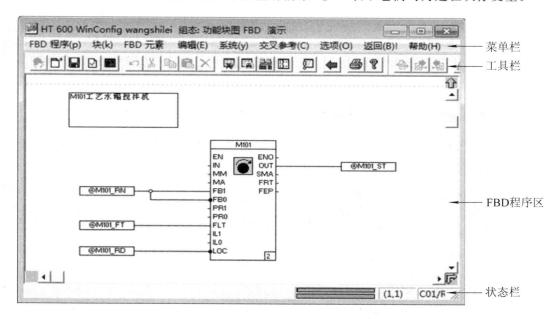

图 4-49　FBD 编辑窗口

在 FBD 编辑窗口中点击鼠标右键，选择"注释"，即可获得一个注释框，可以在该框中用中文、英文等对要编写的 FBD 程序进行注释。

4.6.1　FBD 编辑器

FBD 编辑器主要分为菜单栏、工具栏、FBD 程序区和状态栏四个部分。FBD 程序区为图形化的编程和调试区域，包含控制程序的变量、功能块或函数、信号连线以及程序注释等。当鼠标指针移到程序区中的变量框上时，将显示该变量的简短注释。

1. 控制程序的变量

FBD 编辑器中的变量和常量显示在一个长方形的变量框中，可放在 FBD 编辑器中的任意位置。有长变量框和短变量框两种。长变量框可以显示 16 个字符；短变量框可以显示 10 个字符，若超过 10 个字符则以"…"表示。

FBD 编辑器中，根据变量的数据类型，在变量框外部有不同颜色的输入/输出引脚。

如图 4-50 所示，在 FBD 程序区，单击鼠标右键，选择"变量"→"读"，移动鼠标到 FBD 编辑器页面的适当位置，点击鼠标左键，添加一个长方形的"变量读"的变量框。每次点击都将在 FBD 程序区放置一个变量框。放置多个变量框后，单击鼠标右键或按键盘的 Esc 键即可结束"变量读"变量框的添加。按照相同的步骤可以添加一个或者多个"变量写"的变量框。

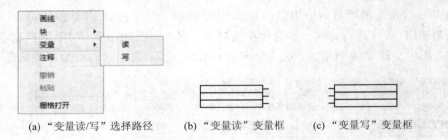

(a)"变量读/写"选择路径　　　(b)"变量读"变量框　　　(c)"变量写"变量框

图 4-50　"变量读"和"变量写"的操作

2. 在 FBD 程序区创建功能块或函数

WinConfig 中的功能块分为多个类别和子类,如图 4-51 所示。

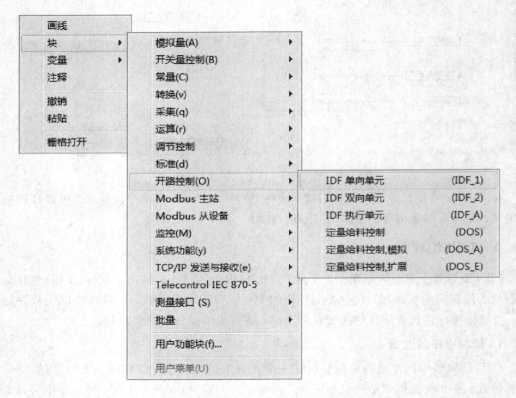

图 4-51　WinConfig 中的功能块

点击鼠标右键,选择"块"→"开路控制"→"IDF 单向单元",即选择了功能块 IDF_1。移动鼠标到 FBD 编辑器页面的适当位置,点击鼠标左键放置该功能块。利用鼠标可随时重新移动变量和功能块的位置,方法是点击已经放好的变量或功能块,其轮廓颜色由黑色变为青色,按下鼠标并拖动到新的位置,松开鼠标即可完成位置移动。

如图 4-52 所示,IDF_1 功能块以 1 个带引脚的长方形框图表示。

下面对 IDF_1 功能块的栏目进行说明。

(1) 标签名:FBD 程序中调用的功能块均有一个唯一的标签名(函数无标签名)。刚拖动好的功能块没有标签名,双击功能块,然后在功能块的参数对话框输入名称即可。

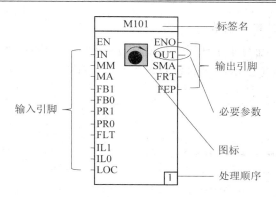

图 4 - 52　IDF_1 功能块

（2）输入/输出引脚：功能块的左边引脚是输入引脚，右边引脚是输出引脚。引脚线为长线，表示该引脚是必要参数引脚；引脚线为短线，表示该引脚是可选参数引脚。

（3）必要参数：功能块必须要连接信号线的引脚，以较长引脚线表示。在图 4 - 52 中，IDF_1 功能块的长线引脚是"OUT"引脚，表示"OUT"为必要参数引脚。

（4）处理顺序：功能块右下角的代码，表示该功能块在程序中的执行处理顺序。

（5）图标：矩形方框内的图标，表示该功能块所属的功能块类型。

IDF_1 功能块用于发送一个控制指令到控制设备（如单向电机、电磁阀等）。该控制指令可以在自动模式下根据输入引脚 IN 的逻辑状态给出，也可以在手动模式下由操作员在操作面板上手动给出。表 4 - 7 给出了 IDF_1 的引脚说明。

表 4 - 7　IDF_1 功能块参数引脚说明

输入参数	说　明	输出参数	说　明
EN	块使能，缺省为真	ENO	当块使能时为真
IN	在自动模式下，OUT 将跟随 IN 的值	OUT	控制输出
MM	手动模式，通过操作面板控制	SMA	False＝手动，True＝自动
MA	自动模式，输出由 IN 控制	FRT	运行时间故障，超过最大运行时间
FB1	为真反馈，当 OUT＝True 时应该为真	FEP	终点位故障
FB0	为假反馈，当 OUT＝False 时应该为假		
PR1	优先命令 1，强制输出为真		
PR0	优先命令 0，强制输出为假		
FLT	外部故障信号输入		
IL1	互锁 1，禁止 OUT 为真		
IL0	互锁 0，禁止 OUT 为假		
LOC	设备就地，OUT 跟随反馈信号		

IDF_1 功能块的"OUT"引脚状态还取决于安全保护、就地和故障信号的状态输入，从控制命令输出到目标位置反馈信号（FB0/FB1）到达之间的时间，作为运行时间可以监控。如果运行时间超时，将产生错误信息。

反馈信号可以是外部或内部反馈。到达终点位置 0 或 1 的反馈信号，连接到反馈输入引脚 FB0 或 FB1。

3. FBD 编辑器中的信号连线

在 FBD 编辑器中，通过水平或垂直的直线连接变量和功能块来表示信号流，系统通过不同宽度和颜色的直线来表示不同的数据类型信号，如图 4-53 所示。

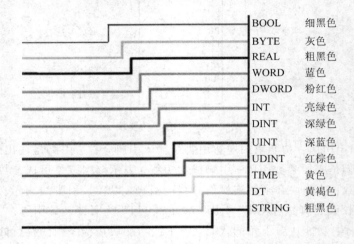

BOOL	细黑色
BYTE	灰色
REAL	粗黑色
WORD	蓝色
DWORD	粉红色
INT	亮绿色
DINT	深绿色
UINT	深蓝色
UDINT	红棕色
TIME	黄色
DT	黄褐色
STRING	粗黑色

图 4-53　数据类型连线的不同颜色

在组态用户程序时，必须考虑功能块输入/输出的数据类型。一个输出引脚和一个输入引脚之间连线的数据类型必须一致，否则该数据连线在功能块图中将显示为红色。

4. 在 FBD 中添加变量

在 FBD 编辑器中，可以选择在变量列表中声明过的已有变量，也可以添加变量列表中没有的新变量。当添加的变量为新变量时，将弹出"插入新变量"对话框，以便对新变量进行声明并将其自动添加到变量列表中。

添加变量列表中没有的新变量的具体步骤如下：

（1）按照"变量读"和"变量写"的操作方法添加变量框。

（2）命名一个变量。例如可双击任意一个"变量读"变量框，打开"组态：变量"对话框窗口，如图 4-54 所示。给这个变量设定一个变量名(@M101_FT)，点击"确定"按钮，即出现图 4-55 所示的"插入新变量"对话框。建议尽可能用短变量，便于识图。

在图 4-55 所示的"名称"文本框中显示了在"组态：变量"对话框中定义的变量名。在带下拉箭头的"资源"文本框中，已经给该变量指定了一个资源名(过程站 PS1)。缺省的数据类型为布尔型(BOOL)，如果需要不同的数据类型，则可以从数据类型列表中选择。

如果选中"输出(E)"复选框，则该变量可以被其他过程站访问。缺省情况下，变量只能在其所指定的资源(过程站)中使用。

选中"过程映像"复选框的变量与未选中"过程映像"的变量，其处理方式是不同的。在任务执行时，过程映像变量在任务周期开始时读取并保存，直到需要时参与任务中的逻辑运算，并将结果保存，直到任务执行完毕再统一输出；非过程映像变量随时读取，经逻辑运行后，其写变量的结果立即输出。因为新建的变量中有前缀"@"，表示要建立过程映像变量 M101_FT，因此在图 4-55 中已自动选中"过程映像"复选框。

（3）按照同样的方法，命名其他变量。

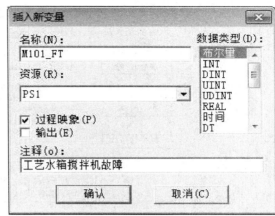

图 4 - 54　"组态：变量"对话框　　　　　图 4 - 55　"插入新变量"对话框

5. 功能块与变量引脚相连

信号连线有水平线和竖直线，但是没有斜线。信号连线有两种方式。

一种为手动连线方式。在 FBD 编辑器的程序区，点击鼠标右键，选择"画线"菜单或直接按 Ctrl 键，当鼠标指针变为小十字时，拖动鼠标画横线或竖线。

另一种是自动连线方式。如图 4 - 56 所示，将鼠标放在输出引脚"OUT"引脚线处，按住 Shift＋Ctrl 键，然后点击鼠标左键，这时鼠标指针将变成一个放大镜，拖动鼠标到要连接的变量"@M101_ST"引脚上，松开鼠标左键即可完成连线。如果连线拖得太远，将会看到一个红色的 ⊘ 符号。

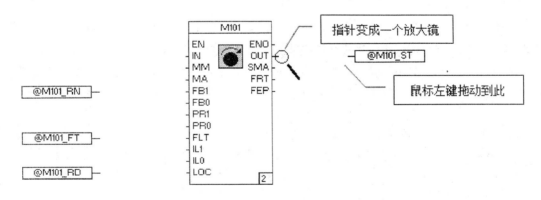

图 4 - 56　功能块引脚和变量引脚相连

如果输入的 BOOL 信号需要取反，则可以通过按住 Ctrl 键，再用鼠标左键点击需要取反的引脚来实现。如图 4 - 57 所示，在输入引脚"LOC"上显示有一个黑色的圆点，表示该信号是取反的。要取消信号取反，再次按住 Ctrl 键，用鼠标左键在黑色圆点处再点击一次即可。

在 FBD 编辑器中，如果水平线与垂直线相交且交点处有一个小空心圆圈，则表示这两条信号线相交并相连，否则，这两条线相交不相连，如图 4 - 58 所示的 A 位置处和 B 位置处。

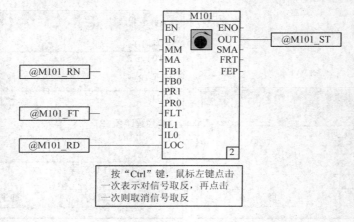

图 4-57　信号取反操作

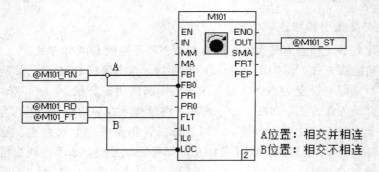

图 4-58　信号线相交的不同情况

编辑完 FBD 程序后，单击工具栏按钮 ⬛ ，即可对 FBD 程序进行检查核对。如果 FBD 程序有错误或警告，将在"核对检查错误列表"窗口中显示，如图 4-59 所示。

若有错误提示，双击该错误，将打开错误所在的程序，并以浅蓝色外框显示有错误的地方，如图 4-59 所示。修改完程序错误后，应再次进行检查核对，直到没有错误为止。

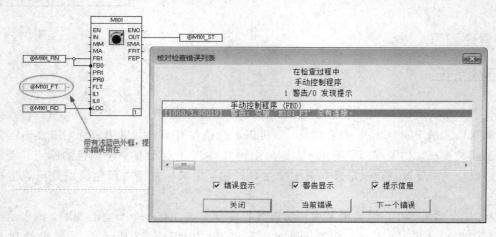

图 4-59　"核对检查错误列表"窗口

4.6.2　FBD 程序仿真调试

为了能在没有 SP 600 控制器等硬件的情况下对 FBD 程序进行联机调试，可在硬件结构中插入一个仿真控制器，并指定资源到项目树中的控制站。这样即使没有实际的控制器硬件，也可以将相应的程序下载到仿真控制器中运行调试。

1. 硬件组态

单击"FBD 编辑窗口"工具栏上的返回按钮 ⬅ 返回至项目树，点击"硬件结构"按钮 🖳 进入硬件组态界面。如图 4 - 60 所示，系统硬件结构分为两部分，左边是硬件结构树形显示区域，以树形目录结构的文本形式显示全部系统硬件对象；右边是图形显示区域，以图形方式显示系统拓扑结构，方便直接观察监控及组态。

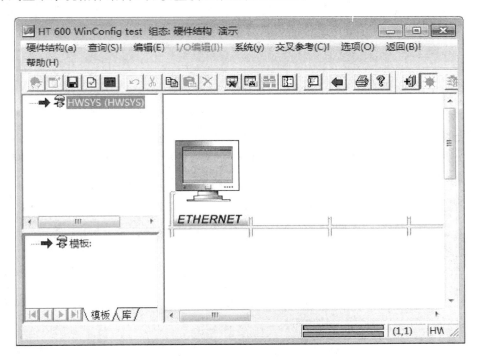

图 4 - 60　硬件组态界面

在硬件结构树形显示区域插入"仿真控制器"并进行资源指定的基本操作流程见图 4 - 61。

首先选中硬件树"HWSYS"根节点，然后单击鼠标右键，选择"插入"，在弹出的"插入新对象"窗口中选择"EMULATOR 仿真控制器"。

接着在"插入资源"对话框中输入对象名称和对象的安装位置。对象名称会在标签列表中显示，安装位置是指资源对象在黄色的 ETHERNET 总线上的位置。点击"确认"按钮，"EMULATOR 仿真控制器"会自动挂在 ETHERNET 总线上。

最后用鼠标选中"EMULATOR 仿真控制器"，点击鼠标右键，选择"资源指定"，把项目树中已经建立的过程站如 PS1 等选中，点击"确认"按钮即可，完成插入过程站资源对象的任务。完成资源指定之后，PS1 站被激活，在树形显示区域能看到"PS1 EMULATOR"的颜色由灰色变亮。

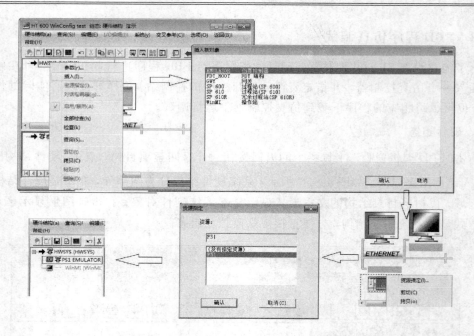

图 4-61 插入"仿真控制器"并进行资源指定的基本操作流程

用类似的步骤，可以插入操作员站并对操作员站进行资源指定。

当然，还可以利用右边的图形显示区域来完成资源指定。在图形显示区域插入"操作员站"的主要操作流程见图 4-62。

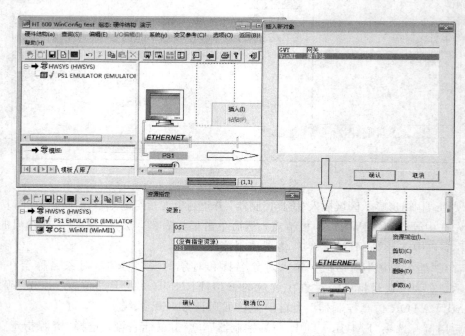

图 4-62 插入"操作员站"的主要操作流程

返回项目树，可以看到过程站 PS1 后面的括号中显示"EMULATOR"（见图 4-63），表示该过程站已经指定到仿真控制器上了。

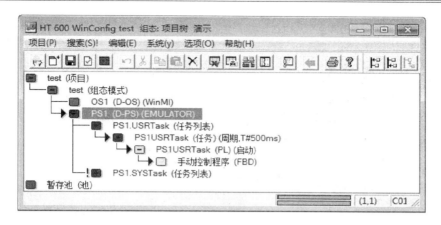

图 4 - 63　PS1 后面显示"EMULATOR"

注意：所谓的资源指定，其目的就是把用户完成的程序及操作员站应用程序与实际硬件连接起来，之后系统会自动将这部分程序下载到实际物理设备中，同时通过资源指定可实现程序变量与实际 I/O 通道的连接。

2. 网络配置

点击工具栏上的网络按钮 ，打开如图 4 - 64 所示的"网络配置"窗口，检查资源 ID 号和 IP 地址是否与已经在 IE 浏览器中运行的仿真控制器一致。WinMI 和 WinConfig 的资源 ID 可利用 WinAdmin 软件进行设置。

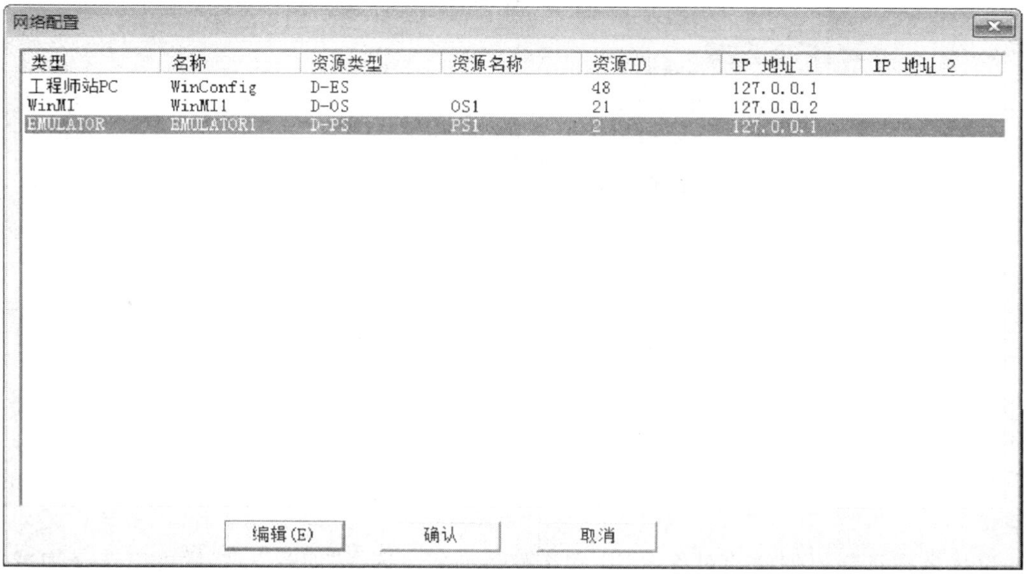

类型	名称	资源类型	资源名称	资源ID	IP 地址 1	IP 地址 2
工程师站PC	WinConfig	D-ES		48	127.0.0.1	
WinMI	WinMI1	D-OS	OS1	21	127.0.0.2	
EMULATOR	EMULATOR1	D-PS	PS1	2	127.0.0.1	

编辑(E)　　确认　　取消

图 4 - 64　网络配置

完成资源指定和网络配置之后，利用鼠标左键将光标移到项目树的根目录。单击工具栏上的检查按钮 ，对整个项目进行检查核对，完成检查核对的项目树和硬件结构如图 4 - 65 所示。

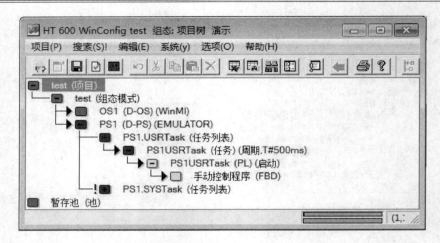

图 4 - 65   对整个项目的检查核对

3. 程序下载

单击工具栏最左侧的联机调试按钮   ，WinConfig 切换到联机调试模式，如图 4 - 66 所示，此时项目树上的节点将显示运行状态，程序被加载到对应的资源中。程序在联机调试模式下不能做结构上的修改。

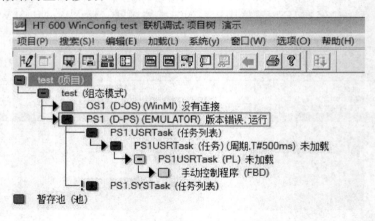

图 4 - 66   WinConfig 切换到联机调试模式

加载对象总是在项目树视图中进行。HT 600 控制系统不允许一次加载整个项目，而必须按照每个资源，如以控制站（PS）、操作员站（OS）或网关站（GWY）为单位，一个一个地下载这些对象进行加载。另外，下载的前提条件是该资源必须与工程师站建立有效的通信连接。

鼠标选中选择要加载的对象 PS1，单击鼠标右键，选择"加载"，然后可以选择加载"修改对象"、"选择对象"或"整个站"，如图 4 - 67 所示。

（1）选择对象（S）。加载所选择的对象，但不包含其信息配置、变量和硬件结构成分，仅初始化资源中的所选对象。

（2）修改对象（C）。仅加载自上次加载后有修改的对象，通常不需要停止资源运行。但加载修改对象时也要小心，因为不同的修改内容对现场影响面是不同的。

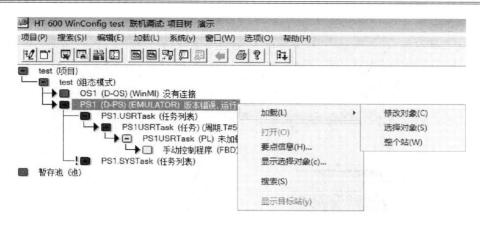

图 4 - 67　加载对象

（3）整个站（W）。第一次加载时必须选择该项。在新程序加载前，系统会先自动删除所选资源上运行的程序。当 WinConfig 进入调试模式后，若资源对象提示"版本错误"，则可通过下载整个站的方式来下载应用程序，然后进行后续的其他调试。

4．程序调试

在程序调试期间能够方便、及时地显示程序运行结构及变量数值是非常重要的。能够在线修改功能块参数及提供多种数据监控方式也是提高工程效率的重要手段。在 WinConfig 软件在线调试模式下，所有的程序界面会自动转换为动态模式，将光标放置在变量位置，其动态数据会自动显示出来。另外，对于开关信号来说，信号线为实线表示开关量状态为真，信号线为虚线表示开关量状态为假。

1）定义调试窗口

如图 4 - 68 所示，在调试状态下选中变量 M101_ST，双击鼠标左键，自动将该变量输入到"定义调试窗口"。在"定义调试窗口"，可以调整变量列表显示顺序及变量显示数据格式，同时可以将不需要监控的变量从列表中删除。

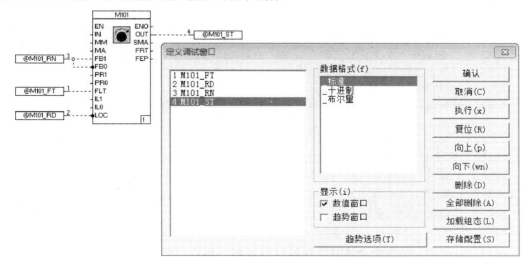

图 4 - 68　定义调试窗口

2）趋势选项窗口

在"定义调试窗口"如果选中"趋势窗口"，则会弹出"趋势选项"配置对话框，如图 4 - 69 所示，其中有三种插补方式：无、线性和阶梯。所谓的显示带，是指设计曲线的纵轴范围，一般与该变量的量程范围一致。

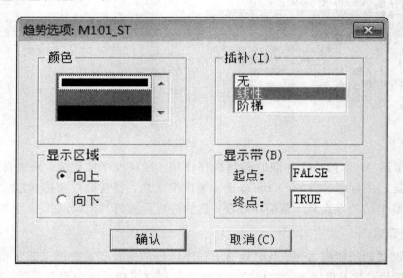

图 4 - 69 "趋势选项"配置

3）数值窗口

单击"窗口"菜单→"显示数值窗口"，调出定义好的"数值窗口"，如图 4 - 70 所示。"数值窗口"包括五列，分别显示变量列表序号 N0.、数据类型、变量名称、数值和注释。

No.	数据类型	变量名称	数值	注释
1	BOOL	M101_FT	FALSE	工艺水箱搅拌机故障
2	BOOL	M101_RD	FALSE	工艺水箱搅拌机远方信号
3	BOOL	M101_RN	FALSE	工艺水箱搅拌机运行信号
4	BOOL	M101_ST	FALSE	工艺水箱搅拌机启动命令

图 4 - 70 数值窗口

4）变量强制

为了便于测试，可对变量进行强制操作。强制操作必须在联机调试模式下进行。变量强制经常在 FBD 程序和"数值窗口"中进行。

联机调试模式下，如要对变量 M101_RN 进行强制操作，则可用鼠标右键单击变量，选择"写入数值"。如图 4 - 71 所示，出现"新数据"对话框，把 M101_RN 变量值从"FALSE"改成"1"，即可实现该开关信号状态从假变成真。

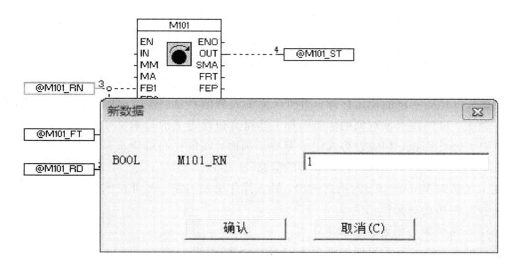

图 4-71　FBD 程序中变量强制操作

联机调试模式下，还可以利用"数值窗口"进行变量强制操作。如要对变量 M101_RD 进行强制，可打开"数值窗口"，如图 4-72 所示，在该变量处用鼠标右键单击选择"写数值"（或左键双击该变量）也可以打开"新数据"对话框，同样输入强制值"1"，单击"确认"按钮即可实现该开关量状态从假变成真。

No.	数据类型	变量名称	数值	注释
1	BOOL	M101_FT	FALSE	工艺水箱搅拌机故障
2	BOOL	M101_RD	FALSE	工艺水箱搅拌机运行信息
3	BOOL	M101_RN	FALSE	写数值(W)
4	BOOL	M101_ST	FALSE	删除变量(v)
				定义调试窗口(D)

图 4-72　数值窗口中变量强制操作

4.7　WinMI 组态

操作员站又称为人机接口（HMI），用于实现系统全局范围的监控、趋势显示、事件及报警显示、记录和报表等功能。HMI 可分为硬件和软件部分。硬件主要由操作员站主机、连接网络的接口和外部设备（键盘、显示器等）组成；软件主要包括操作系统、监控软件和应用程序。

HT 600 控制系统的操作员站使用标准的 PC 硬件，运行于 32 位的微软操作系统下，监控软件平台为 WinMI。通过工程师站软件 WinConfig 组态的操作员站应用程序加载到 WinMI 上，便可以在操作员站上对整个系统进行监控、操作和管理。

操作员站作为系统的 HMI，提供了一个对整个系统进行监控和操作的平台，但操作员站 WinMI 上所有的显示、报警、趋势等监控内容和操作功能，全通过 WinConfig 工程师站进行编程后加载到操作员站。因此，操作员站的编程是在工程师站上完成的。

HT 600 控制系统的 WinMI 作为操作员站，支持在工艺流程图设计时增加一些辅助的操作功能，以提高系统的使用性能，增加系统集成的信息量。若将鼠标放在工艺流程图的某个对象上，可以显示该对象的标签名称、过程值和自定义的提示文本；双击某个图形对象可以打开操作面板、相关趋势或记录等显示画面；以鼠标右键单击某个图形对象，可以选择查看其控制属性、外部属性等更多的信息。

在工程师站 WinConfig 的项目树中，插入操作员站对象，便可在该对象下组态操作员站的各种监控功能和操作功能。

操作员站对象的创建步骤如下：

（1）在 WinConfig 项目树中选择 Software(SW)节点。

（2）通过"编辑"菜单，选择"插入下一级"命令（或通过鼠标右键选择"插入"→"下一级"菜单命令）。

（3）在"对象选择"窗口双击"操作员站 D-OS"。

（4）在"资源-OS"对话框中输入操作员站对象名称（如 OS1）和一个简短注释。

（5）在"硬件结构"中双击黄色以太网上部的空白区域，插入一个"WinMI 操作员站"，并指定资源到 WinConfig 项目树中的操作员站对象（如 OS1）。

创建完操作员站对象之后，就可以在其下插入图形显示、趋势、记录等对象，实现需要的监控和操作功能。

4.7.1　流程图组态

HT 600 控制系统的流程图画面，是在工程师站 WinConfig 上使用"图形显示 FGR"对象来进行创建、编辑和组态的。在 WinConfig 项目树中，图形显示对象可以插入到操作员站对象节点下或公共显示池中。

1. 图形编辑器

"图形显示 FGR"创建步骤如下：

（1）在 WinConfig 项目树中选择操作员站对象（或公共显示池）节点。

（2）单击鼠标右键，选择"插入"→"下一级"。

（3）在"对象选择"窗口选中"图形显示 FGR"，点击"确认"按钮。

（4）在"图形显示 FGR"对话框中输入流程图的名称。显示的循环时间可以根据需要修改，默认为 1 s。

（5）单击"确认"按钮，完成创建过程，返回至 WinConfig 项目树。

图 4-73，显示了插入一个"图形显示 FGR"的步骤。双击"流程图（FGR）"，即可打开图形编辑器窗口。

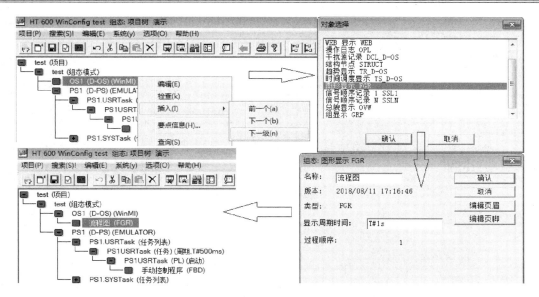

图 4 - 73　插入一个"图形显示 FGR"的流程图

图形编辑器界面由菜单栏、工具栏、绘图区和状态栏组成，如图 4 - 74 所示。

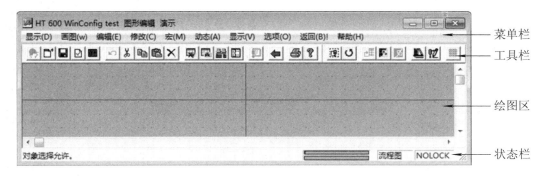

图 4 - 74　图形编辑器界面

在菜单栏选择"选项"→"工具箱"→"右侧"/"左侧"/"顶部"/"底部"，可以打开如图 4 - 75 所示的图形编辑器的工具箱。

图 4 - 75　工具箱

在绘图区以右键选择"背景颜色"，可以打开"颜色选择"对话框，在此处可以修改绘图区的背景颜色。在图 4 - 76 中，选择的背景颜色是"灰色 68"。

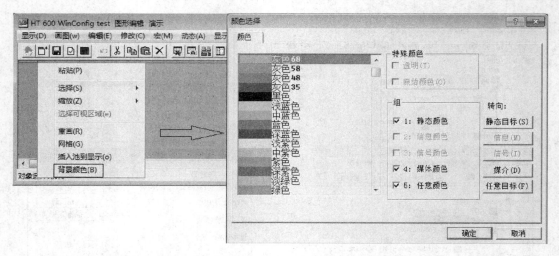

图 4 - 76　背景颜色选择步骤

2. 绘图常用辅助工具

1）抓图/栅格工具

单击鼠标右键，选择"网格"，或者在工具栏上面点击栅格图标 ▦ ，均可打开"抓图/栅格"对话框，如图 4 - 77 所示。栅格用来对齐图形对象，有五种不同大小的栅格可供选择。栅格可以打开或者关闭。抓图用来捕捉鼠标指针，便于将图形对象定位到鼠标附近的栅格上。抓图也可以选择是否打开。

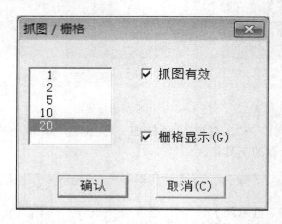

图 4 - 77　"抓图/栅格"对话框

2）缩放工具

利用缩放工具能够在放大的视图下编辑图形，提高绘图的准确性。单击鼠标右键，选择"缩放"，如图 4 - 78 所示，可选择 1、2（放大两倍）、3（放大 3 倍）或 4（放大 4 倍），默认选 1。当然，也可以通过选择菜单栏的"显示"→"缩放"来进行缩放设置。选择了放大倍率后，一个表示缩放区域的矩形框会出现在绘图区的左上角，将矩形框拖到需要缩放的区域，单击鼠标后，矩形框内的区域将会按照所选择的放大倍数放大显示。

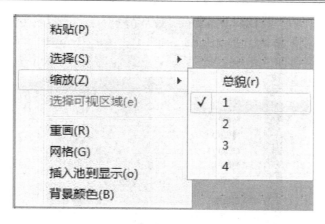

图 4 - 78　缩放工具

3）组合与拆分工具

使用组合工具可以将所选中的几个图形对象组合成一个图形对象，便于图形对象整体的移动、修改；也可通过拆分工具将一个组合的图形对象拆分成几个图形对象。如图 4 - 79 所示，将准备组合在一起的几个图形对象移动到合适的位置，使用鼠标左键全选这些对象，然后在已选中的对象上单击鼠标右键，选择"组合"，这些独立的对象就组合成了一个对象。在已经组合的对象上单击鼠标右键，选择"拆分"，可将该图形对象拆分成各个独立的对象。

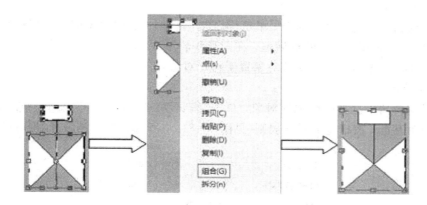

图 4 - 79　多个对象的组合

4）旋转工具

在图形编辑器中选择一个或多个图形对象，在菜单栏单击"编辑"→旋转，则可将所选对象围绕其中心点旋转 90°。

5）镜像工具

在图形编辑器中选择一个或多个图形对象，在菜单栏单击"编辑→镜像"，则可将所选对象进行水平或垂直镜像翻转。

6）叠加工具

使用叠加工具可以将所选的图形对象置于其他图形对象的前面或后面，以确定图形显示中各图形对象之间的层次结构。叠加工具如图 4 - 80 所示。

返回到对象(j)
属性(A)
点(s)
撤销(U)
剪切(t)
拷贝(C)
粘贴(P)
删除(D)
复制(I)
组合(G)
拆分(n)
旋转(e)
镜象(M)
叠加(v)
对齐校准(i)
对象命名(b)
重编辑(R)
前景(F)
背景(B)
对象前边(A)
对象后边(h)

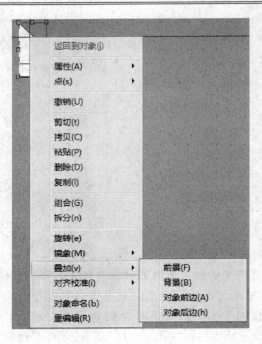

图 4－80　叠加工具

在图形编辑器中选择图形对象，单击“编辑”→“叠加”→“前景/背景”，即可将所选对象置于最前面或最后面。

在图形编辑器中选择图形对象，单击“编辑”→“叠加”→“对象前边/对象后边”菜单，将弹出一个提示“选择对象”的对话框，在图形编辑器中选择要置于其前面或后面的图形对象，单击“确认”按钮，可将所选对象置于指定对象的前边或后边。

7）对齐校准

在图形编辑器中选择一组图形对象，单击“编辑”→“对齐校准”菜单，将以最后选择的图形对象为基准，按指定的对齐规则(见图 4－81)将所选图形对象进行对齐排列。

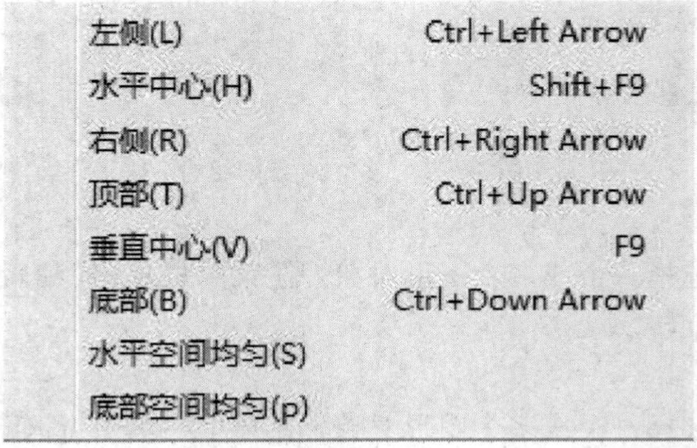

左侧(L)
Ctrl+Left Arrow
水平中心(H)
Shift+F9
右侧(R)
Ctrl+Right Arrow
顶部(T)
Ctrl+Up Arrow
垂直中心(V)
F9
底部(B)
Ctrl+Down Arrow
水平空间均匀(S)
底部空间均匀(p)

图 4－81　对齐规则

3. 静态对象

在图形显示编辑器中，可通过“画图”菜单或工具箱，选择线、矩形、多折线、多边形、椭圆、圆弧、扇形、文本、位图等静态图形对象来绘制静态图。

每种静态图形对象可设置不同的显示属性，如颜色、线型、宽度、字体、尺寸等，这些属性可通过点击工具箱中的相应按钮或"修改"菜单进行修改。各基本静态图形对象的示例和属性见表 4-8。

表 4-8　基本静态图形对象

静态图形	示　　例	属　　性
线		颜色、线型、宽度、箭头
矩形		颜色、线型、宽度、拐角圆形化、前景色和背景色、(填充)模式
多折线	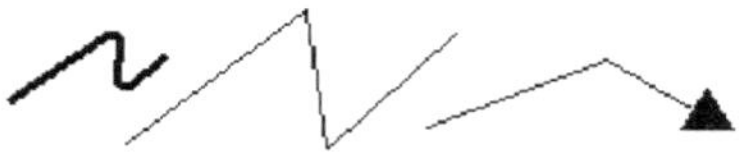	颜色、线型、宽度、箭头、圆角、拐角圆形化
多边形	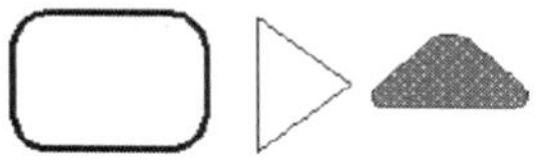	颜色、线型、宽度、拐角圆形化、前景色和背景色、(填充)模式
椭圆		颜色、线型、宽度、拐角圆形化、前景色和背景色、(填充)模式
文本		字符字体、尺寸、方向、字符属性、前景色和背景色、固定点
圆弧		颜色、线型、线宽、拐角圆形化
扇形		颜色、线型、线宽、拐角圆形化、前景色和背景色、(填充)模式
位图	任意 BMP 格式的位图	背景色和前景色

4. 动态对象

动态对象包括用于监视动态工程数据的监控对象和用于操作过程变量的操作对象。如图 4-82 所示，所有动态对象均位于图形编辑器的"动态"菜单下。用于图形显示的动态对象中使用的变量既可在图形编辑器中创建，也可以用功能键 F2 从变量列表中选择已有的变量。

为监控过程状态的变化，常用的动态对象包括文字数字显示、图形符号、棒图、填充区域、自定义动画对象和趋势窗口等。

常用动态对象包括选择域、按钮、按钮域、单选按钮和 Tab 控制。

在文字数字显示、图形符号、棒图、填充区域、选择域、自定义动画对象等动态对象中有很多公共参数，包括过程值、位指定、显示、通用、提示条等。限于篇幅，下面主要对文字数字显示、图形符号、按钮等进行讲述。

图 4-82 "动态"菜单下的动态对象

1）文字数字显示

在工具箱中单击"文字数字显示"工具按钮 **abI**，鼠标箭头变成十字形，按住鼠标左键并拖动十字，控制矩形显示框大小，在合适位置单击鼠标左键弹出参数设置窗口。

如图 4-83 所示，在"过程值"选项卡下找到红色的"显示变量"文本框，按 F2 键，在出现的"选择变量/元件"窗口中选择要显示的变量（或直接输入要显示的变量）。棒图、填充域、图形符号也有"过程值"选项卡。

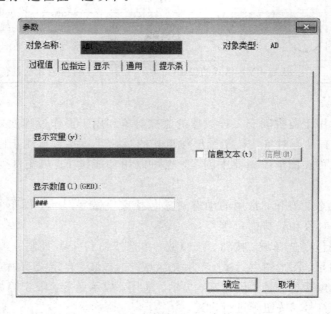

图 4-83 "文字数字显示"参数对话框

　　用鼠标单击"位指定"选项卡，如图 4－84 所示。"位指定"选项卡中有"变量/功能"参数，按 F2 键在变量列表中选择 BOOL 型变量或直接输入 BOOL 型变量。给位 1、位 2、位 3 可以分别指定一个 BOOL 型的过程变量，动态对象最多可显示八种状态。棒图、填充域和图形符号也有"位指定"选项卡。

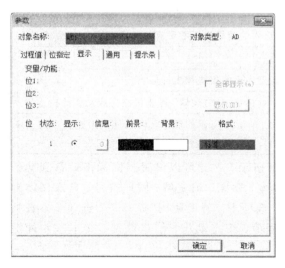

图 4－84　"位指定"选项卡

　　用鼠标单击"显示"选项卡，如图 4－85 所示，可以设置前景色和背景色。格式默认为标准格式，可以通过按下 F2 键指定小数点后的有效数字位数。如图 4－86 所示，若要指定小数点后有 1 位有效数字，则可以选择"_定点 1"。棒图、填充域、图形符号、自定义动画对象和选择域也有"显示"选项卡。

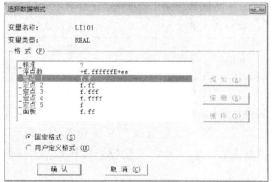

图 4－85　"文字数字显示"的"显示"选项卡　　　　图 4－86　"选择数据格式"对话框

点击"通用"选项卡,如图 4-87 所示,可以设置重叠的静态对象和动态对象的层次关系。点击此页面的"动作"按钮,即可打开"动作"窗口,如图 4-88 所示,可以设置动态对象的鼠标单击动作,如打开显示、打开面板、写入变量、确认信息等。"动作类型"默认是"无动作",一旦选择"打开显示"、"打开面板"等动作,便可在窗口相应的输入框按 F2 键从列表中选择动作执行的操作对象或直接输入。"动作"窗口中所有动作类型及动作说明见表 4-9。棒图、填充域、图形符号、自定义动画对象和选择域也有"通用"选项卡。

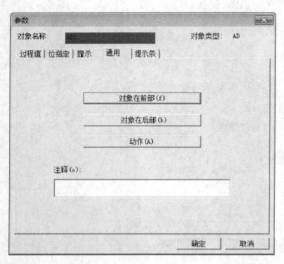

图 4-87 "通用"选项卡

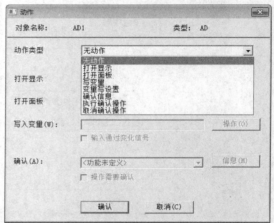

图 4-88 "动作"窗口

表 4-9 动作类型及动作说明

动作类型	动作说明
无动作	无动作
打开显示	打开在"打开显示"文本框中输入的显示窗口(如流程图、趋势、记录等)
打开面板	打开在"打开面板"文本框中输入的功能块标签对应的操作面板
写变量	修改一个变量的当前值
确认信息	单击动态对象,确认所选信息点产生的报警和事件信息
执行确认操作	对于写变量或确认信息动作,可指定一个"确认"键来最终完成动作的执行
取消确认操作	对于一个需要按"确认"键或回车键来完成的动作,可通过点击键盘上的 Esc 键来撤销所有没执行完的动作

用鼠标单击"提示条"选项卡,如图 4-89 所示,在此可以设置当鼠标指针移到动态对象上时,是否在鼠标指针旁显示一个提示文本。棒图、填充域、图形符号、自定义动画对象、选择域、趋势窗口、按钮都有"提示条"选项卡。若要使用"提示条"选项卡,必须选中"允许提示条"复选框,可以设置当前过程值、组态动作、信息数据、文本这四种提示信息。

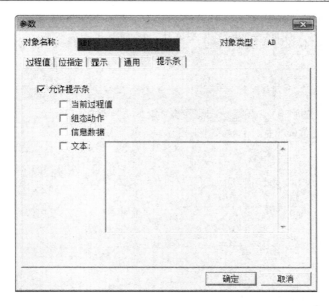

图 4 - 89　"提示条"选项卡

2）图形符号

图形符号可根据 BOOL 型过程变量的状态，在静态图形对象上加入动态显示效果。动态图形符号可以指定 3 个 BOOL 型过程变量，最多可以组态 8 种不同的显示状态或动画效果。

例如：有一个工艺水箱进口开关阀 SV101，可利用图形符号来动态显示 SV101 的阀门开状态、阀门关状态等。画出阀门静态图，然后利用静态图形对象椭圆 ⬭ 在 SV101 附近画一个圆，如图 4 - 90 所示。接下来开始该阀门的动态图形符号组态。

图 4 - 90　SV101 开关阀静态图

（1）通过"动态"下拉菜单或者选择"图形符号" ，打开"GS 动作"窗口，如图 4 - 91 所示。在该窗口中点击"确认"按钮，进入动态图形符号的"参数"设置窗口。

图 4 - 91　"GS 动作"窗口

（2）在"位指定"选项卡下选择"位1"变量输入框，输入工艺水箱进口开关阀开到位信号 SV101_LO，选择"位2"变量输入框，输入工艺水箱进口开关阀开到位信号 SV101_LC，如图 4-92 所示。

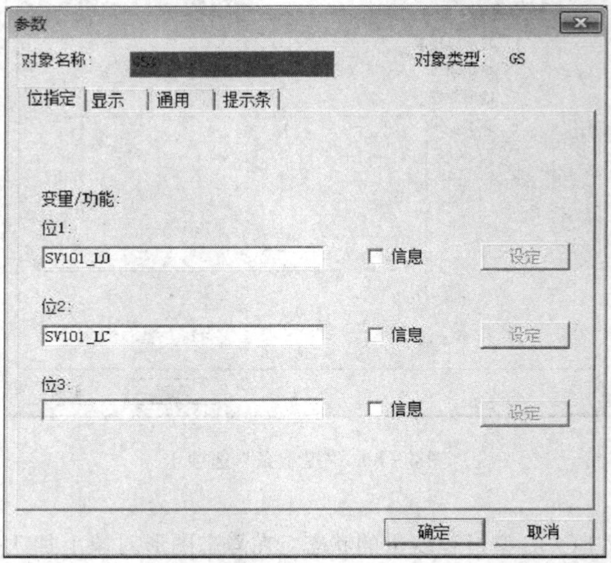

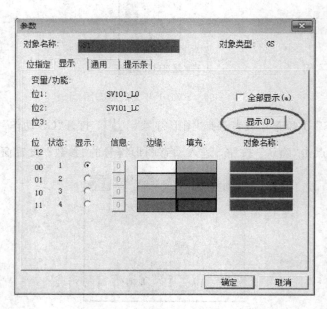

图 4-92　图形符号"位指定"选项卡

（3）在"显示"选项卡下有四个状态，如图 4-93 所示。状态 1（位 1 和位 2 均为 0）表示阀门正在动作，填充色为蓝绿色；状态 2（位 1 为 0，位 2 为 1）表示阀门处于关状态，填充色为红色；状态 3 表示阀门处于开状态，填充色为红色；状态 4 表示状态出错，填充色是红绿闪烁。

图 4-93　图形符号"显示"选项卡

（4）在"显示"选项卡页面，单击"对象名称"上方的"显示"按钮，自动关闭动态图形符号的"参数"设置窗口并返回图形编辑区域，用鼠标右键单击用椭圆符号画出的圆形，选择"返回到对象"。系统自动将该圆的名称"ELP3"填写在第一个对象名称输入框中，复制"EPL3"，粘贴到第 2 至第 4 个输入框中，如图 4 - 94 所示。

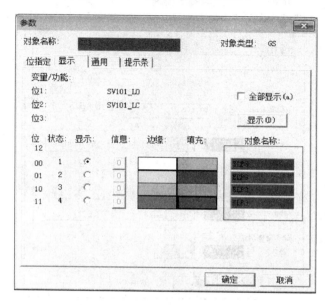

图 4 - 94　获得各状态的"对象名称"

3）按钮

按钮可用来触发一个动作，如打开操作面板、写变量、确认信息等。按钮有矩形、3D、椭圆和圆形这四种不同的显示类型，各类型均可指定按钮的显示文本或任意一个静态图形符号。WinConfig 的图形编辑器中，可选择如图 4 - 95 所示的三种类型按钮。

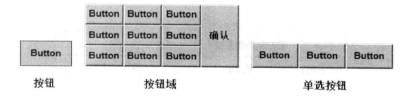

图 4 - 95　三种类型按钮

（1）按钮。这种按钮单独使用，在 WinMI 上单击该按钮可触发一个操作动作。可指定一个变量来确定按钮的外观显示，如是否"显示压下"、按钮的颜色等。在工具箱中单击"按钮" ，利用鼠标在图形编辑区拖动至合适大小后放置，出现如图 4 - 96 所示的"按钮"对话框。

在"变量"文本框按下 F2 键，选择要比较的变量（BOOL 量）；在"数值"文本框中填写真或假。在"变量<>数值"区域，如"变量"和"数值"框内的值不同，则"Button"（可修改）会显示在图形界面上；如选择"按钮对象"，将"显示"按钮激活，则可选择流程图上的一个对象。右键点击该图形对象，选择"返回到对象"，对象的名称会自动填写到对话框中。

在"变量＝数值"区域，当"变量"和"数值"相同时，"Button"（可以修改）会显示在图形界面上。

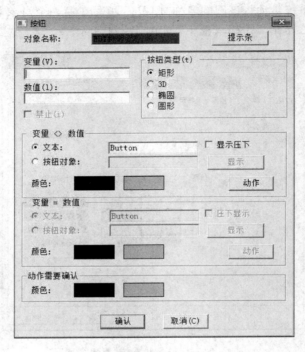

图 4-96　"按钮"对话框

（2）按钮域。按钮域由一个或多个常规按钮和一个"确认"按键组成。在工具箱中单击"按钮域"　，利用鼠标在图形编辑区拖动至合适大小后放置，出现如图 4-97 所示的"按钮域"对话框。在 WinMI 上按下其中一个按钮之后，需要再单击"确认"按钮才可执行其中的动作。

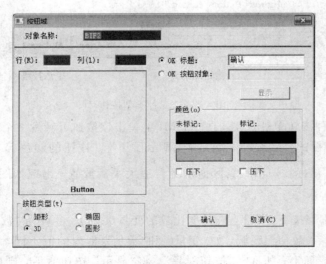

图 4-97　"按钮域"对话框

（3）单选按钮。单选按钮也由多个常规按钮组成，所有按钮都关联到同一个过程变量，并且只能对所关联的变量执行固定值方式的写变量操作。在 WinMI 上单击其中的一个按钮，将该按钮的固定值写入所关联的过程变量中，不需要确认按钮进行操作确认。

4.7.2　操作面板显示

操作面板属于标准显示，对于大多数功能块来说，操作面板是预先定义好的。只要在过程站程序中调用功能块，便可自动生成该功能块标签的操作面板。在操作员站 WinMI 上可以打开这个操作面板，面板提供标签的总貌和详细信息。面板的布局分为五个部分，如图 4 - 98 所示。

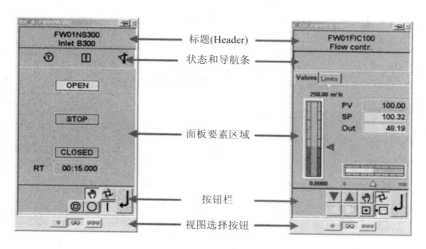

图 4 - 98　操作面板

（1）标题（Header）：显示相应功能块的标签名和短文本，当该功能块标签有报警信息产生时，以相应的信息优先级颜色高亮显示。当选中面板时，面板的颜色会变为淡蓝色。

（2）状态和导航条：功能块标签中所有组态的信息产生时，以相应的图标显示在状态和导航条中，以不同的颜色显示其优先级。每一个图标可以显示所组态的提示文本。图标颜色的改变或闪烁由所组态的报警信息的优先级确定。

（3）面板要素区域：提供当前值的总貌显示和功能块的状态。以棒图和文字数字形式显示重要的模拟量值和它相应的限位值、基值或者溢出值。限位值以小三角的方式标记在模拟值棒图的右边。

（4）按钮栏：显示当前所处的操作模式。允许操作的按钮以黑色文本显示，禁止操作的按钮以灰色文本显示。使用鼠标左键单击按钮激活操作。所有操作需要使用"确认"按钮进行确认后方才生效。

（5）视图选择按钮：暂时没有定义其操作功能。

4.7.3　报警

报警用来通知操作员有关系统和过程状态的信息。报警用于警告处于非正常状态，需要确认。HT 600 控制系统的报警信息类型见表 4 - 10，分为系统信息、故障信息、开关报警、提示和提示信息这几种类型。根据对运行过程的重要性，可以对报警信息类型进行优先级归类。表 4-11 列出了各种优先级的报警信息默认的显示颜色。

表 4-10 HT 600 控制系统的报警信息类型

信息类型	描　　述
系统信息	系统信息是最高优先级，被分成三个信息组 S1～S3。系统信息优先级不能被用户组态或者修改，通常用来指示系统故障状态
故障信息	故障信息的优先等级是 1～3，用这种类型的信息标识诸如报警限定值的设置超出限制范围等
开关报警	开关报警的优先级是 4。该类型用来显示开关事件，如阀门的开/关等
提示	用来组态为故障信息和开关信息的提示。组态内容给操作员提示引起信息的原因，用于消除不正确过程的选项等，如果有必要，则可以给出进一步的操作提示。提示只出现在提示列表中
提示信息	提示信息的优先级是 5，包含在提示表里，对于操作员来说，信息是唯一的

表 4-11 WinCS 系统信息默认的颜色

优先级	信息类型	显示颜色
S1、S2、S3	系统信息	蓝色
1	故障信息	红色
2	故障信息	橙色
3	故障信息	黄色
4	开关报警	黄色
5	提示信息	—

在 WinConfig 组态过程中，每个优先级都分配有一个特定的确认策略。确认策略用来定义操作员确认报警的方法。报警信息在信息行、信息列表中显示和确认，提示信息在提示列表中显示和确认。而且，报警可以通过画面显示和控制面板的上下文菜单进行确认。HT 600 控制系统报警信息的确认类型见表 4-12。

表 4-12 HT 600 控制系统报警信息的确认类型

确认类型	描　　述
视觉确认	视觉确认后，信息被标注为"已看"状态。这种类型确认对控制站中的信息状态没有影响。这种确认策略在信息行和提示列表中使用。 通过在信息行的视觉确认，所有确认后的信息在信息行中被删除，但是在信息列表里还存在。 通过在提示列表中的视觉确认，提示信息标注为已看。确认提示不会影响关联信息的确认状态
点确认	这种类型的确认在信息列表、面板和图形显示中使用。信息行如果需要则也可通过组态来设置。这种确认方式可以确认控制站中的信息，改变信息的状态

系统信息 S1～S3 为系统自动生成，不需要进行设置。故障信息、开关报警和提示（优先级为 1～5）均为过程报警信息，需要在 WinConfig 中对过程变量进行设置，即设置报警条件和优先级，才能生成报警信息。

在 FBD 程序中，用到了模拟量监控功能块 M_ANA，双击该功能块，即可打开模拟量监控功能块的参数设置对话框。

例如，某工艺水箱液位 LI101 对应的报警程序和其模拟量监控功能块 M_ANA 的参数设置如图 4 - 99 所示。在参数设置对话框中，设置了 LI101 的量程范围和报警信息，有两种报警限值。当 LI101 的液位高于 9.0 m 时，则高报；当 LI101 的液位低于 3.0 m 时，则低报。

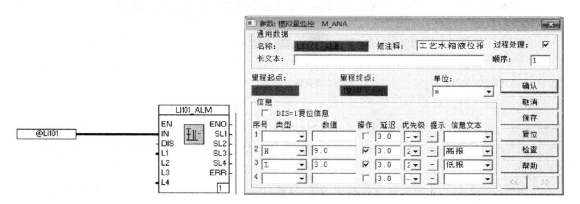

图 4 - 99　报警程序及模拟量监控功能块参数的设置

4.7.4　信号顺序记录

信号顺序记录用于记录系统中所有过程信息、系统信息和事件顺序，也记录操作员在 WinMI 上的所有操作。SSL1 和 SSLN 的主要区别在于打印功能的设置（SSL1 可以设置自动打印，SSLN 只能手动打印），在此仅以 SSLN 为例来介绍信息顺序记录的组态和应用。

信号顺序记录 SSLN 组态步骤如下：

（1）在 WinConfig 项目树中以右键单击操作员站 OS1，选择"插入"→"下一级"，打开"对象选择"窗口，双击"信号顺序记录 N SSLN"，插入一个名为"报警记录"的信号顺序记录，如图 4 - 100 所示。

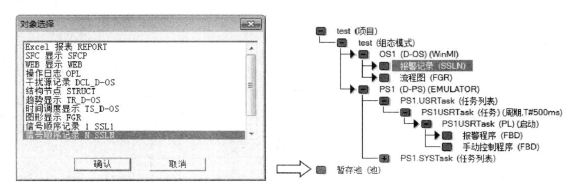

图 4 - 100　插入信号顺序记录 SSLN

（2）双击该信号顺序记录，即可打开信号顺序记录 SSLN 的参数设置对话框，如图 4 - 101 所示。该对话框有四个选项卡。

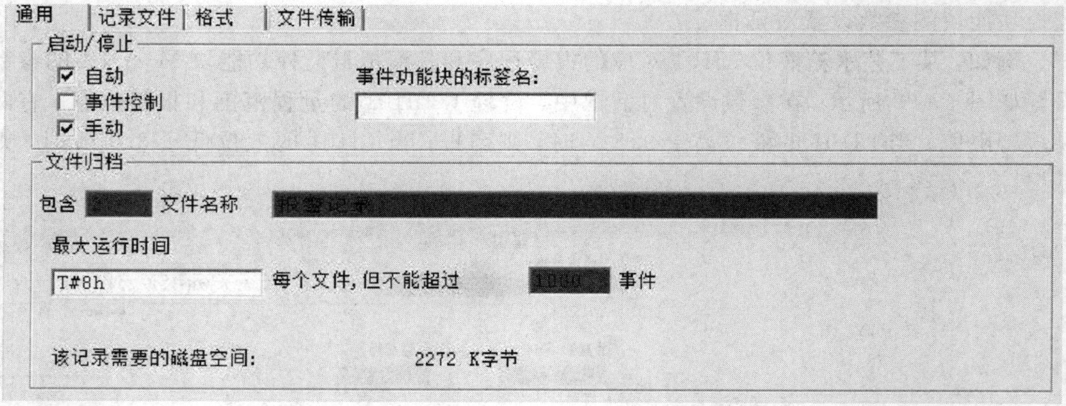

图 4 - 101   SSLN"通用"参数设置

①"通用"选项卡：设置 SSLN 的一些"通用"参数，包括启动/停止方式、文件归档、最大运行时间。

②"记录文件"选项卡：设置记录文件的打印、记录的信息类型以及根据时间来源和区域对记录进行过滤。

③"格式"选项卡：设置记录文件的格式、内容和页面设置。

④"文件传输"选项卡：通过 FTP 协议将记录文件传输到另一台 PC。

（3）设置记录的归档文件数量和文件名称，选好启动方式。

信号顺序记录的"通用"选项卡有一个"每个文件，但不能超过…"参数，默认为 1000 个事件，该参数值设定范围是 3～32 767。

"最大运行时间"文本框用来输入监控的时间长度，默认为 8 h。按照 IEC1131 - 3 格式输入，时间值可设置的范围是 0～214 783 s。如可设置为 T♯2147483s 或 T♯24d20h31m23s。

设置好事件数量、最大运行时间等内容后，按照需要选择启动方式为"自动"或"手动"，如图 4 - 101 所示。

（4）打开"记录文件"选项卡，除可以设置打印方式、删除方式之外，还可以设置信息的类型等信息，如图 4 - 102 所示。

图 4 - 102   SSLN 的"记录文件"参数设置

4.7.5　趋势

趋势可以用两种方式采集：一种是使用趋势采集功能块，另一种是使用趋势服务器。如果使用趋势采集功能块，则趋势显示不能插入到公共显示池中，只能够在一个操作员站上使用。如果趋势显示映射到一个趋势服务器上，则趋势显示可以放置在公共显示池中并且可以被其他的操作员站访问。

1. 趋势采集功能块

趋势采集功能块可以处理最多六个信号。信号类型的数据格式是除了字符串、日期时间和用户自定义之外的任何类型。在过程站 PS1 中插入一个 FBD 程序，命名为"趋势"，双击该 FBD 程序打开 FBD 编辑器，在空白处单击鼠标右键，选择"块"→"采集"→"趋势"，即可插入一个趋势采集块 TREND。

例如，已建立了三个 REAL 型变量 LI101、PI101、TI101，分别表示工艺水箱的液位、压力和温度，利用趋势采集块 TREND 采集这三个 REAL 型数据，如图 4 - 103 所示。显然，趋势采集功能块有 8 个输入引脚。其中 IN1～IN6 用来连接需要采集历史趋势数据的变量，EN 用于功能块使能，SEN 为允许归档引脚。在"趋势采集 TREND"的参数设置对话框内，在"名称"框中输入功能块的标签名，分频系数默认为 10，表示每 10 个任务周期采集一次数据。假设该功能块运行于周期时间为 500 ms 的任务中，则每隔 5 s 采集一次数据。

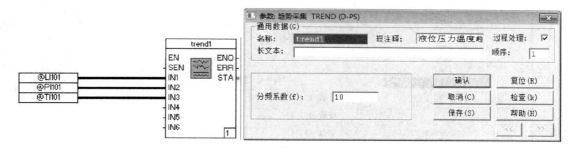

图 4 - 103　趋势采集程序及趋势采集功能块参数的设置

2. 趋势显示

对趋势采集功能块程序组态完成后，为了设置对于历史趋势数据的显示方式、归档文件等参数，接着要在操作员站中进行趋势显示组态。

在操作员站 OS1 下插入趋势显示，具体流程如图 4 - 104 所示。

双击"趋势显示（TR_D - OS）"，打开趋势显示参数设置窗口，共有采集、显示、区域选项、归档和文件传输五个选项卡，下面主要对采集、显示、区域选项进行讲述。

1）"采集"选项卡

可选择历史趋势数据采集的两种采样方式，即"使用采样功能块"方式或者"使用变量采样"方式来采集数据。如选择"使用采样功能块"方式，则无法使用"使用变量采样"方式，只能在"使用采样功能块"下的"标签名称"框中，按快捷键 F2 选择一个过程站 FBD 程序中组态的趋势功能块标签名称。在图 4 - 103 中，显示趋势采集程序的标签为 trend1，因此在图 4-105 中，利用 F2 键选择的功能块标签名称就是 trend1。

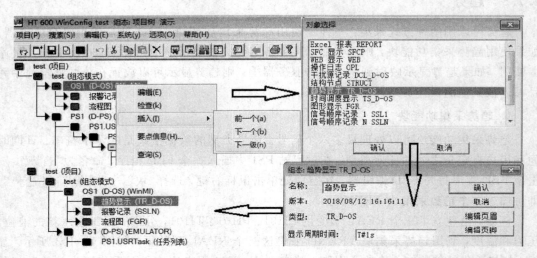

图 4-104　插入"趋势显示 TR_D-OS"的流程

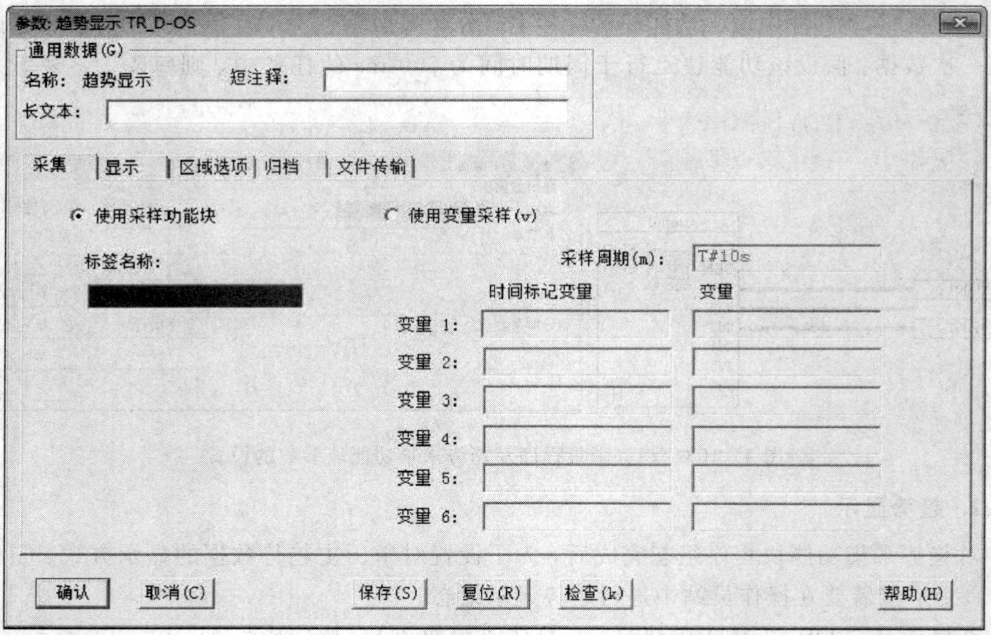

图 4-105　"趋势显示"参数窗口

2)"显示"选项卡

"显示"选项卡中主要设置趋势显示的外观，即设置趋势显示窗口和每条趋势曲线的显示模式。可以设置整个趋势窗口的前景色、背景色和窗口颜色等。每条曲线的显示参数在"变量描述"部分定义，如图 4-106 所示，对三条趋势曲线的名称、短注释、单位等均做了说明。

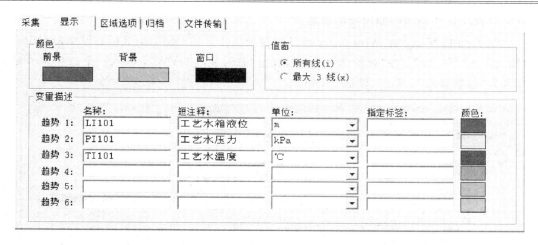

图 4 - 106　"显示"选项卡变量描述设置

3）"区域选项"选项卡

如图 4 - 107 所示，可以设置趋势显示两个连续历史数据的最大间隔时间、时间轴长度、波形起点和波形终点等。

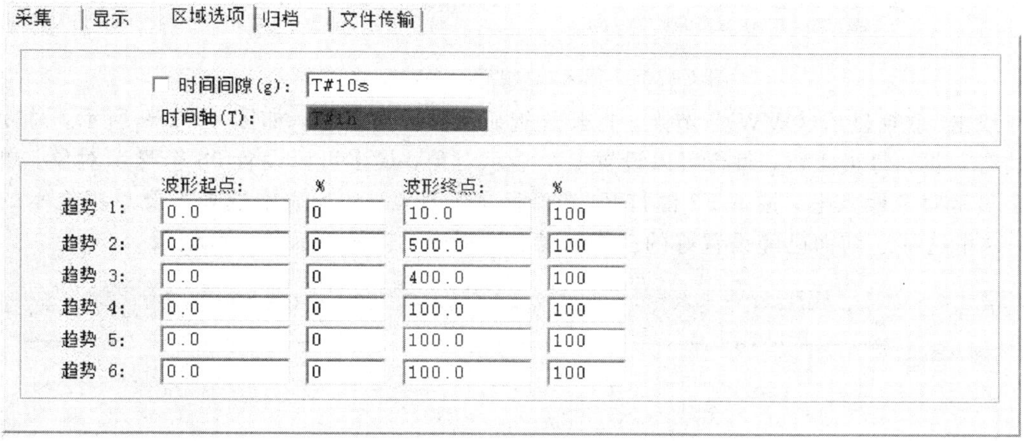

图 4 - 107　"区域选项"设置

（1）"波形起点"指设置每条曲线数据在 Y 轴上显示的最小值。

（2）"波形终点"指设置每条曲线数据在 Y 轴上显示的最大值。

（3）"％"用于设置每条曲线根据波形的起点和终点，在 Y 轴上所占的百分比。

（4）"时间轴"是以时间格式设置在 WinMI 中趋势显示范围的 X 轴宽度。

若 LI101 的量程是 0～10 m，PI101 的量程是 0.0～500.0 kPa，TI101 的量程是 0.0～400.0℃，则在"区域选项"窗口中，这三条趋势曲线可以按照图 4 - 107 来进行设置。

4.7.6　总貌显示

根据显示是否和整个项目有关或者仅仅隶属于一个操作员站，总貌显示可以插入在一个操作员站下（D - OS）或者公共显示池（P - CD）中。一个操作员站只有一个总貌显示，可以将流程图显示 FGR、趋势 TR_D - OS、信号顺序记录 N SSLN 等放到总貌显示图中，操作员可以直接从总貌图中调用这些对象。

如图 4-108 所示，在 WinConfig 项目树找到操作员站 OS1，用鼠标右键单击 OS1，选择"插入"→"下一级"，在"对象选择"窗口双击"总貌显示 OVW"，插入一个总貌显示对象并命名为"总貌显示"，单击"确认"按钮。

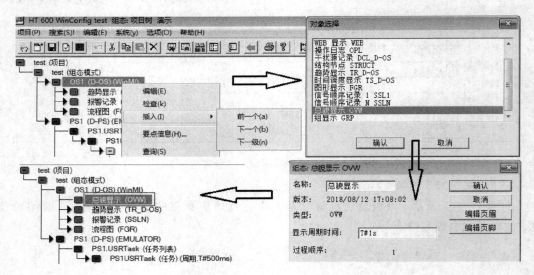

图 4-108　插入"总貌显示 OVW"的流程

双击"总貌显示（OVW）"节点，打开总貌显示参数对话框，如图 4-109 所示。总貌显示共有 4 页，每页 4 行，每行可以设置 6 个显示对象，最多可以设置 96 个显示对象。单击某个显示对象输入框，按下 F2 键打开"选择显示"列表，从列表中选择需要总貌显示的内容。这里选择了前面已经设置好的三个对象：流程图、趋势显示和报警记录。

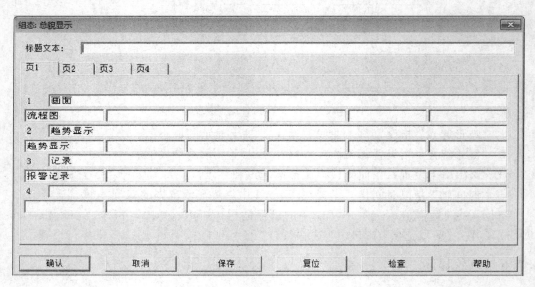

图 4-109　"总貌显示"组态

思 考 题

1. 简述 HT 600 控制系统的特点和结构。

2. 简述 PM683 的 IP 地址设定步骤。

3. 如何正确设置 HT 600 控制系统的 IP 地址？

4. 简述创建一个项目树和对象的基本步骤。

5. "默认任务"和"任务 Task"的区别是什么？

6. 过程映像变量和非过程映像变量的区别在哪里？

7. 什么叫标签？声明新标签时，要注意哪几点？

8. 信号连线有几种方式？如何对 BOOL 型信号取反？

9. 常用的辅助绘图工具有哪些？

10. 用于监控过程状态变化的常用动态对象有哪些？

11. 何谓"分频系数"？在分频系数是 5、功能块运行周期时间是 0.5 s 的任务中，多长时间采集一次数据？

12. 信号顺序记录的主要作用是什么？SSL1 和 SSLN 的区别在哪里？

第5章 基于 HT 600 的智能配电系统

5.1 系统概述

低压智能配电系统由具有通信功能的智能化元件经数字通信与计算机系统网络连接，实现电器设备运行管理的自动化、智能化。搭建的配电系统涉及低压智能电器设备包括变频器 ACS510、多功能电力仪表 EM400、电动机综合保护装置 M102、智能控制器 PM 683 等。

如图 5-1 所示，系统的总体通信构架是采用一台控制器承担其一个配电岛的控制通信任务，一个配电岛可以通过 Modbus-RTU 通信将 EM400、M102、ACS510 等智能电器设备联合成为一个整体。各个配电岛之间通过高速工业以太网通信实现互连的分布式控制。该系统综合应用了多种技术，如 Modbus-RTU 通信技术、工业以太网通信技术、智能断路器保护技术、变频驱动技术、软启驱动技术、智能接触器驱动技术等，是一个与实际生产情况十分接近的低压智能配电系统。

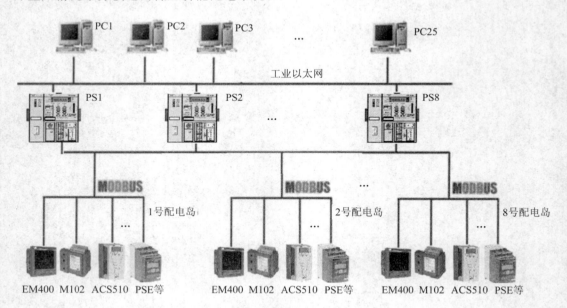

图 5-1 智能配电系统总体通信构架示意图

配电岛为操作员直接操作的对象，首先考虑的是系统的安全性。如图 5-2 所示，系统配置多种电机的驱动方式，配合管理层数据处理，让操作员能实时、动态了解各种驱动方式下电流、电压等的比较。电器设备均带 Modbus-RTU 通信接口，用于连接控制层数据通信。

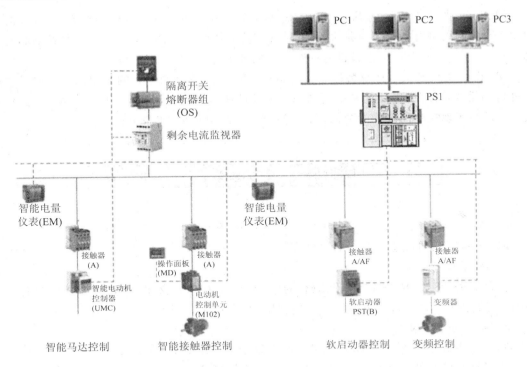

图 5 - 2　每个配电岛的结构示意图

该子系统主要包含以下几个部分：

（1）一个带 Modbus - RTU 通信接口和远程操作接口的智能型塑壳断路器，用于整个子系统供电。

（2）一个 SP 600 控制器，用于系统数据采集、管理层通信以及控制。

（3）一个隔离熔断器组，用于保护系统配电安全。

（4）三个操作员站，用于监控及存储各种数据。

（5）一个剩余电流监视器 RTCM32（与 XT2N 断路器配合使用），用于实时检测系统剩余电流，并在剩余电流发生时切断主配电开关。

（6）一个智能电量仪表 EM400，用于主配电网电量信息采集。

（7）一个智能电动机控制器 UMC、一个电动机控制单元 M102、一个软启动器、一个变频器 ACS510，均可用于驱动电机。

（8）一个变频电机，一个普通电机。每个电机驱动回路均带 IPS 连接器。

该智能配电系统能动态实时反映各个岛的运行情况，监视和记录各种数据，自动记录系统运行的历史数据，为运行维护人员进行信息查询、分析统计、报表处理等提供方便。

5.2　Modbus 通信协议

Modbus 通信协议是由 Modicon 公司研发和提出的，目前已成为国际通用标准。Modbus 是 OSI 模型应用层报文传输协议，它在不同类型总线或者网络设备之间提供主/从设备通信。大多数 Modbus 设备的通信通过串口（RS - 232/RS - 485）或 TCP/IP 物理层进行连接。

　　Modbus 协议是一个主/从（Master/Slave）或者客户端/服务器（Client/Server）架构的协议。通信网络中有一个节点是主站 Master 节点，其他使用 Modbus 协议参与通信的是从站 Slave 节点，每个 Slave 设备都有一个唯一的地址。

　　Modbus 协议定义了协议数据单元 PDU 模型，功能码是 PDU 的元素之一。为了适应多种传输模式，又在 PDU 的基础上增加了地址域和差错校验，形成了应用数据单元 ADU 模型，以便实现完整而准确的数据传输。Modbus 基本帧格式如图 5 - 3 所示。

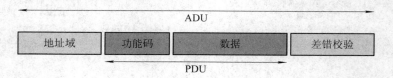

图 5 - 3　Modbus 基本帧格式

Modbus 通信协议主要包括如下内容：

1）Modbus 通信接口

符合 RS - 232C/RS - 485 以及兼容的串行接口，接口定义了针脚、电缆、信号位、波特率、奇偶校验，各种智能设备能够直接利用 Modbus 接口规约进行组网。

2）主从的通信模式

通信只能由主站 Master 节点主动发起并发送给从站 Slave 节点。

若主站发出的是广播命令，则从站不给予任何回应；若主站发出的是行动（单播）命令，则从站必须给予回应。从站的回应中包括描述命令执行域信息、数据表以及错误检验域信息；若从站不能执行该命令，则从站将建立错误消息并作为回应发送回去。

　　主站（也可称为主设备）可以对指定的单个从站（也可称为从设备）或者线路上的所有从站发送请求报文，从站只能被动接收请求报文后给出响应报文，如图 5 - 4 所示。自主站发至从站的信息报文称为命令或者下行通信帧，而自从站发至主站的信息报文则称为响应或者上行通信帧。

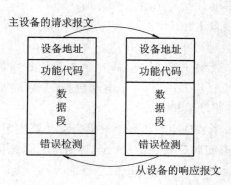

图 5 - 4　Modbus 的查询与应答

　　在同一时间，总线上只能有一个主站，但是可以有一个或者多个（≤247）从站，从站之间不能相互通信。

3）Modbus 通信的两种数据传输方式

当数据代码采用 ASCII（美国标准信息代码）数据传输方式时被称为 Modbus ASCII 传

输模式；当数据代码采用 RTU(远程终端单元)数据传输方式时被称为 Modbus RTU 传输模式。这两种模式只是信息编码不同，RTU 模式采用二进制表示数据。使用 ASCII 模式时，在消息中每 8 位(bit)的字节都将作为两个 ASCII 字符发送。

在相同传输速率下，RTU 模式比 ASCII 模式传输效率高一倍。但是 RTU 模式对系统的时间要求比较高，而 ASCII 模式其字符发送的时间间隔可达到 1 s 而不产生错误。在一个 Modbus 通信系统中只能选择一种传输模式，通信系统采用哪种传输模式可由主设备来选择。目前，RTU 模式获得了更广泛的应用。

ModbusRTU 的信息帧结构见表 5 - 1，帧结构中没有起始位和停止位，而是以至少 3.5 个字符的时间停顿间隔标志着一帧的开始或者结束。在一帧报文中，必须以连续的字符流传输整个报文帧。如果两个字符之间空闲间隔大于 1.5 个字符时间，则认为报文帧不完整，该报文丢弃。

表 5 - 1　Modbus RTU 信息帧结构

起始	设备地址	功能代码	数据	CRC 校验	停止
≥3.5 字符	8 b	8 b	N 个 8 b	16 b	≥3.5 字符

报文

信息帧的第一个字节是"设备地址"，信息帧可能的地址范围是 0～247。其中地址 0 是广播地址，发送给地址 0 的信息可以被所有从站接收。主站把要联系的从站的地址放到信息的"设备地址"，该从站发送回应信息时把从站的地址放到回应的"设备地址"中，主站就明确是哪一个从站做出回应。

"功能码"由一个字节构成，表示信息帧的功能。从站根据功能码执行相应功能，执行完成后，正常情况下返回的响应信息帧有同样的功能码。如果出现异常，则返回的信息帧中，把功能码的最高位设置为 1。

对应不同的功能码，"数据"的内容会有不同。"数据"以字节为单位，长度可变，有些功能码的"数据"可能为空。"数据"包含从站执行的动作或者由从站采集的返回信息。

"CRC"校验由两个字节组成，其值基于全部报文内容执行的循环冗余校验计算的结果而来，计算对象包括"CRC 校验"之前所有字节。主站把信息帧中的设备地址、功能代码、数据中的所有字节按照规定方式进行位移并进行异或运算，得到两个字节的 CRC 码，把包含 CRC 校验码的信息帧作为一个连续流进行传输。从站在接收到该信息帧时按照同样的方式进行计算，并将结果同收到的 CRC 码进行比较，如果两者一致就认为通信正确，否则认为通信有误，从站会发送 CRC 错误应答。

在标准 Modbus 网络通信传输时，RTU 中字符的连续传输有两种情况。第一种情况是带有奇偶校验位，那么一个字符包括了 1 位起始位、8 位数据位(最小有效位先发送)、1 位校验位和 1 位停止位；第二种情况是没有奇偶校验位，那么一个字符包括了 1 位起始位、8 位数据位(低位先送)和两位停止位。

很多电器产品在进行 Modbus 通信时，RTU 中一个字符包括了 1 位起始位、8 位数据位(低位先送)和 1 位停止位。

5. 2. 1　Modbus 寄存器

根据存放的数据类型和各自的读写特性，Modbus 寄存器分为四个种类，即线圈寄存器、离散输入寄存器、保持寄存器和输入寄存器，寄存器地址分配见表 5-2。

表 5-2　Modbus 寄存器地址分配

寄存器种类	数据类型	访问类型	功能码	PLC 地址	Modbus 协议地址
线圈寄存器	位	读写	01H、05H、0FH	00001~09999	0000H~FFFFH
离散输入寄存器	位	只读	02H	10001~19999	0000H~FFFFH
输入寄存器	字	只读	04H	30001~39999	0000H~FFFFH
保持寄存器	字	读写	03H、06H、10H	40001~49999	0000H~FFFFH

所谓的"PLC 地址"，是指存放在控制器中的地址，这些控制器可以是 PLC、触摸屏、文本显示器等。"PLC 地址"一般采用十进制，共有 5 位，第 1 位数字表示寄存器的种类。"Modbus 协议地址"是指通信时使用的寄存器报文地址（一般 16 进制描述）。例如，40001 地址对应的报文地址是 0x0000；30001 地址对应的报文地址是 0x0000。虽然都是同样的 Modbus 协议地址 0x0000，但因功能码不同，所以可以正常访问。

5.2.2　Modbus 功能码

Modbus 功能码是 Modbus 基本帧（报文）的重要组成部分，常用功能码名称及对应"PLC 地址"见表 5-3。

表 5-3　功能代码及其作用

功能代码	中文名称/作用	PLC 地址	位操作/字操作	操作数量
01H	读线圈状态	00001~09999	位操作	单个或多个
02H	读离散输入状态	10001~19999	位操作	单个或多个
03H	读保持寄存器	40001~49999	字操作	单个或多个
04H	读输入寄存器	30001~39999	字操作	单个或多个
05H	写单个线圈	00001~09999	位操作	单个
06H	写单个保持寄存器	40001~49999	字操作	单个
0FH	写多个线圈	00001~09999	位操作	多个
10H	写多个保持寄存器	40001~49999	字操作	多个

功能码可以分为位操作和字操作两类。位操作的最小单位为字节，字操作的最小单位为两个字节。"位操作"适用于读线圈状态 01H、读（离散）输入状态 02H、写单个线圈 06H 和写多个线圈 0FH 功能码。"字操作"适用于读保持寄存器 03H、读输入寄存器 04H、写单个寄存器 06H 和写多个保持寄存器 10H 功能码。

1. 功能码 0x01

（1）作用。读取从设备线圈或开关量输出状态，可读单个或者多个 DO 的状态。

（2）举例说明。假设从设备地址为 0x01，Modbus 寄存器起始地址为 0x0020，寄存器结束地址为 0x0022，总共读取三个 DO 状态值，相应的查询报文和响应报文见表 5 – 4 和表 5 – 5。

表 5 – 4　0x01 查询报文举例

从机地址	功能码	寄存器起始地址（高位）	寄存器起始地址（低位）	寄存器数量（高位）	寄存器数量（低位）	CRC（2 字节）
0x01	0x01	0x00	0x20	0x00	0x03	0x＊＊＊＊

表 5 – 5　0x01 响应报文举例

从机地址	功能码	返回字节数	数据内容				CRC（2 字节）
			data1	data2	data3	…	
0x01	0x01	0x01	0x07				0x＊＊＊＊

注意：返回报文数据内容中，每 1 个 DO 状态占用 1 个 bit 位（1 – ON，0 – OFF）。data1 表示 0x0020～0x0027 的 DO 状态，data1 的最低 bit 位代表最低地址的 DO 状态。因 07H = 0000 0111B，所以三个 DO 均为 ON 状态。

2. 功能码 0x02

（1）作用。读取从设备的开关量输入状态，即 DI 的状态。可以读取 1～2000 个连续的开关量输入状态。

（2）举例说明。假设从设备地址是 0x01，离散输入寄存器地址为 10001～10010（Modbus 协议地址是 0000H～0009H）共计 10 个 DI 输入状态值，相应的查询报文和响应报文见表 5 – 6 和表 5 – 7。

表 5 – 6　0x02 查询报文举例

从机地址	功能码	寄存器起始地址（高位）	寄存器起始地址（低位）	寄存器数量（高位）	寄存器数量（低位）	CRC（2 字节）
0x01	0x02	0x00	0x00	0x00	0x0A	0x＊＊＊＊

表 5 – 7　0x02 响应报文举例

从机地址	功能码	返回字节数	数据内容				CRC（2 字节）
			data1	data2	data3	…	
0x01	0x02	0x02	0x0F	0x03			0x＊＊＊＊

注意：02H 功能码的查询报文和响应报文各项的构成和意义同 01H 功能码。data1 表示 0x0000～0x0007 的 DI 状态，data2 表示 0x0008～0x000F 的 DI 状态。在数据内容中 0FH = 0000 1111B，所以 0x0000～0x0003 这四个 DI 均为 ON 状态；0x03 = 0000 0011B，所以 0x0008、0x0009 这两个 DI 也均为 ON 状态。

3. 功能码 0x03

（1）作用。读取从设备保持寄存器的内容，即 AO 的内容。可以读取 1～125 个连续的保持寄存器状态。

（2）举例说明。假设从设备地址是 0x01，需要读取保持寄存器地址 40001～40003（Modbus 协议地址是 0000H～0002H），共计三个 AO 的内容，相应的查询报文和响应报文见表 5－8 和表 5－9。

表 5－8　0x03 查询报文举例

从机地址	功能码	寄存器起始地址（高位）	寄存器起始地址（低位）	寄存器数量（高位）	寄存器数量（低位）	CRC（2 字节）
0x01	0x03	0x00	0x00	0x00	0x03	0x＊＊＊＊

表 5－9　0x03 响应报文举例

从机地址	功能码	返回字节数	数据 1（高位）	数据 1（低位）	数据 2（高位）	数据 2（低位）	数据 3（高位）	数据 3（低位）	数据…	CRC（2 字节）
0x01	0x03	0x06	0x01	0x7C	0x01	0x62	0x01	0x7E		0x＊＊＊＊

注意：Modbus 保持寄存器以字为基本单位，查询报文中要求连续读取 3 个保持寄存器的内容，那么在响应报文中会返回 6 个字节。"数据 1"中的内容是 Modbus 协议地址为 0000H 中的 AO 内容。

4. 功能码 0x04

（1）作用。读取从设备输入寄存器的内容，即 AI 的内容。可以读取 1～125 个连续的输入寄存器状态。

（2）举例说明。假设从设备地址是 0x01，需要读取的输入寄存器地址 30201～30203（Modbus 协议地址是 00C8H～00CAH），共计三个 AI 的内容，相应的查询报文和响应报文见表 5－10 和表 5－11。

表 5－10　0x04 查询报文举例

从机地址	功能码	寄存器起始地址（高位）	寄存器起始地址（低位）	寄存器数量（高位）	寄存器数量（低位）	CRC（2 字节）
0x01	0x04	0x00	0xC8	0x00	0x03	0x＊＊＊＊

表 5－11　0x04 响应报文举例

从机地址	功能码	返回字节数	数据 1（高位）	数据 1（低位）	数据 2（高位）	数据 2（低位）	数据 3（高位）	数据 3（低位）	数据…	CRC（2 字节）
0x01	0x04	0x06	0x01	0x7B	0x01	0x64	0x01	0x7D		0x＊＊＊＊

注意：Modbus 输入寄存器以字为基本单位，查询报文中要求连续读取 3 个保持寄存器的内容，那么在响应报文中会返回 6 个字节。"数据 1"中的内容是 Modbus 协议地址为 00C8H 中的 AI 内容。

5. 功能码 0x05

（1）作用。将单个线圈或者开关量输出设置为 ON 或者 OFF。查询报文中的 0xFF00 表示让线圈或者数字量输入处于 ON 状态，0x0000 表示让线圈或者数字量输入处于 OFF 状态。

（2）举例说明。假设从设备地址是 0x01，需要设置线圈地址（00200）为 ON 状态，显然查询报文中该线圈的 Modbus 协议地址是 0xC7。相应的查询报文和响应报文见表 5－12 和表 5－13。

表 5 - 12　0x05 查询报文举例

从机地址	功能码	寄存器起始地址(高位)	寄存器起始地址(低位)	数据(高位)	数据(低位)	CRC(2 字节)
0x01	0x05	0x00	0xC7	0xFF	0x00	0x****

表 5 - 13　0x05 响应报文举例

从机地址	功能码	寄存器起始地址(高位)	寄存器起始地址(低位)	数据(高位)	数据(低位)	CRC(2 字节)
0x01	0x05	0x00	0xC7	0xFF	0x00	0x****

注意：若线圈或者开关量输出属于正常设置，则响应报文和查询报文的格式和数据内容相同。

6. 功能码 0x06

（1）作用。将数值写入单个保持寄存器中。

（2）举例说明。假设从设备地址是 0x01，将十六进制数值 0BB8 写入单个保持寄存器 40100 中，显然查询报文中该保持寄存器的 Modbus 协议地址是 0x63。相应的查询报文和响应报文见表 5 - 14 和表 5 - 15。

表 5 - 14　0x06 查询报文举例

从机地址	功能码	寄存器起始地址(高位)	寄存器起始地址(低位)	数据(高位)	数据(低位)	CRC(2 字节)
0x01	0x06	0x00	0x63	0x0B	0xB8	0x****

表 5 - 15　0x06 响应报文举例

从机地址	功能码	寄存器起始地址(高位)	寄存器起始地址(低位)	数据(高位)	数据(低位)	CRC(2 字节)
0x01	0x06	0x00	0x63	0x0B	0xB8	0x****

注意：若单个保持寄存器的值属于正常设置，则响应报文和查询报文的格式和数据内容相同。

7. 功能码 0x0F

（1）作用。将连续的多个线圈或者开关量输出设置为 ON/OFF 状态。若数据区的某位值为"1"，表示被请求的相应线圈或开关量输出状态为 ON；若某位值为"0"，则表示相应线圈或开关量输出状态为 OFF。

（2）举例说明。假设从设备地址是 0x01，线圈寄存器地址 00020～00035 对应的 16 个线圈设置如表 5 - 16 所示，显然 Modbus 协议起始地址是 0x0013。相应的查询报文和响应报文见表 5 - 17 和表 5 - 18。

表 5 - 16　设置 16 个线圈的状态

线圈寄存器地址	27	26	25	24	23	22	21	20	35	34	33	32	31	30	29	28
线圈状态(1/0)	1	1	0	0	0	0	1	1	0	1	0	1	1	1	1	1

数据1　　　　　　　　　　　　数据2

表 5-17　0x0F 查询报文举例

从机地址	功能码	寄存器起始地址（高位）	寄存器起始地址（低位）	寄存器数量（高位）	寄存器数量（低位）	字节数	数据1	数据2	数据…	CRC（2字节）
0x01	0x0F	0x00	0x13	0x00	0x10	0x02	0xC3	0x5F		0x****

表 5-18　0x0F 响应报文举例

从机地址	功能码	寄存器起始地址(高位)	寄存器起始地址(低位)	寄存器数量(高位)	寄存器数量(低位)	CRC（2字节）
0x01	0x0F	0x00	0x13	0x00	0x10	0x****

注意：正常情况下响应报文包括功能码、起始地址和线圈寄存器数量。

8．功能码 0x10

（1）作用。将数值写入从设备的连续多个保持寄存器中。

（2）举例说明。假设从设备地址是 0x01，保持寄存器地址 40010 设置数值 0x0017，在 40011 中设置数值 0x0018，显然 Modbus 协议起始地址是 0x0009。相应的查询报文和响应报文见表 5-19 和表 5-20。

表 5-19　0x10 查询报文举例

从机地址	功能码	寄存器起始地址（高位）	寄存器起始地址（低位）	寄存器数量（高位）	寄存器数量（低位）	字节数	数据1（高位）	数据1（低位）	数据2（高位）	数据2（低位）	数据…	CRC（2字节）
0x01	0x10	0x00	0x09	0x00	0x02	0x04	0x00	0x17	0x00	0x18		0x****

表 5-20　0x0F 响应报文举例

从机地址	功能码	寄存器起始地址(高位)	寄存器起始地址(低位)	寄存器数量(高位)	寄存器数量(低位)	CRC（2字节）
0x01	0x10	0x00	0x09	0x00	0x02	0x****

注意：正常情况下响应报文包括功能码、起始地址和保持寄存器的数量。

5.3　EM400 组态

5.3.1　电力智能监控仪表 EM400 简介

EM400 系列电力智能监控仪表是用于中低压系统（6 kV～35 kV 和 0.4 kV）的智能化装置，带数据采集和控制功能，具备基本单回路交流电量的测量与计算、电度量累计、SOE 记录功能，还具有 4 路开关量输入监测、两路继电器输出、1 路 4～20 mA 直流变送输出功能。EM400 支持 RS-485 接口 Modbus-RTU 通信协议，便于同各类计算机监控系统实现信息交换，其外形如图 5-5 所示，可应用于中、低压变配电自动化、智能型开关柜、负控系统、工业自动化、楼宇自动化、能源管理系统中。

图 5 - 5　EM400 的外形

1. EM400 的特点

（1）EM400 具有强大的数据采集和处理功能。支持三相三线制和三相四线制可选功能，具有三相电压、三相电流、总有功功率、总无功功率、各相的有功及无功功率、功率因数、各相的功率因数、系统频率、总有功电度、总无功电度、各相的有功电度和无功电度的测量与计算功能。

（2）EM400 的高亮度 LED 可以实时显示多项信息，操作方式人性化，阅读数据和参数设置等操作简单易行。

（3）EM400 在设计过程中采用了多种抗干扰措施，能够在电力系统环境中稳定运行。

（4）EM400 体积小，安装方便。采用自锁面板式安装机构，无需螺丝固定即可安装。

（5）EM400 具有三相四线制 3CT（3P4W/3PT＋3CT）、三相四线制 1CT（3P4W/3PT＋1CT）、三相三线制 3CT（3P3W/3PT＋3CT）、三相三线制 2CT（3P3W/3PT＋2CT）、三相三线制 1CT（3P3W/3PT＋1CT）等多种接线方式。

2. 安装接线

1）接线端子定义

EM400 有三组接线端子，端子示意图见图 5 - 6，端子的定义见表 5 - 21。

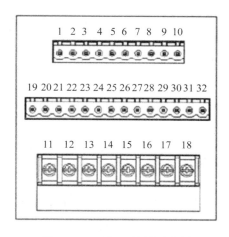

图 5 - 6　EM400 端子示意图

表 5 – 21　　EM400 的端子定义

电源	PE	1		NC	17
电源	L	2		NC	18
电源	N	3		RO11	19
电压输入	U1	4	继电器输出	RO12	20
电压输入	U2	5	继电器输出	RO21	21
电压输入	U3	6	继电器输出	RO22	22
电压输入	Un	7		NC	23
通信	SHLD	8	变送输出	AO＋	24
通信	RS＋	9	变送输出	AO－	25
通信	RS－	10	变送输出	NC	26
电流输入	111	11		NC	27
电流输入	112	12		D11	28
电流输入	121	13	开关量输入	D12	29
电流输入	122	14	开关量输入	D13	30
电流输入	131	15	开关量输入	D14	31
电流输入	132	16		COM	32

注意：三相四线制中，Un 接入的是电压公共端；三相三线制中，Un 接入的是 B 相电压。DI 为数字量输入 Digital Input 的简写，RO 为继电器输出 Relay Output 的简写，变送输出是自供电方式，AO＋为电流输出正，AO -为电流输出负。

2）供电电源接线

供电电源范围是 AC 85 V～265 V 或 DC85 V～265 V，可由独立源供电，也可从被测电路中取得，接线如图 5 - 7 所示。当电气接线方式为三相四线制，Uln≤AC450 V 时，可直接接入设备（不带 PT），图 5 - 8 所示即为其 3P4W＋3CT 的接线图。

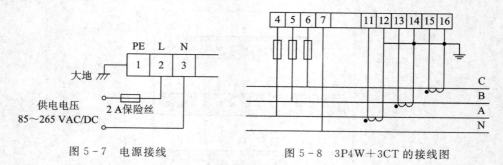

图 5 - 7　电源接线　　　　　　　　　　图 5 - 8　3P4W＋3CT 的接线图

3）通信接线

通信接口采用 RS - 485 方式，如图 5 - 9 所示，使用菊花链式连接方式，最多可连 32 台 EM400 设备（♯1～♯31），两头接阻抗匹配电阻（100～120 Ω）。

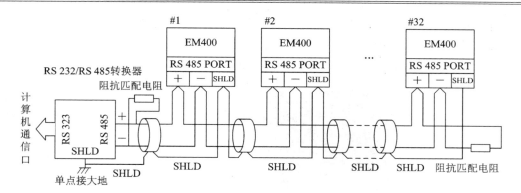

图 5 - 9　RS - 485 菊花链式连接方式（≤32 台 EM400）

4）开关量输入接线

可监视 4 个干节点输入的开关量状态，输入电路采用光隔离，隔离电压 AC2500 V，装置内部带 24 V 直流电为干节点提供输入回路电源。开关量输入接线图如图 5 - 10 所示。

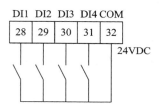

图 5 - 10　开关量输入接线图

5）继电器接线

继电器控制输出节点容量为 DC5A/30 V 或 AC5A/250 V。当负载电流大于上述值时采用中间继电器。继电器接线如图 5 - 11 所示。

EM400 有"常保持输出"和"脉冲输出"两种模式。

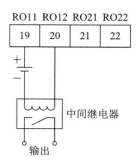

图 5 - 11　输出继电器接线

3. 屏幕显示和按键操作

EM400 的操作分为单键模式和组合键模式两种。单键模式仅对四个按键中的某一个进行操作，用于完成装置所有监测数据的显示。EM400 的按键示意图见图 5 - 12。

组合键模式是指"▲"键与"↵"键的操作。在单键显示模式下，只需同时按下"▲"键与"↵"键然后松开，即进入组合键功能，再次应用该组合键可退出到单键显示模式下。

"◀"键是测量数据显示键，可显示电压、电流、功率因数、功率、频率等测量数据。

"▲"键可显示系统状态，如系统时间、通信状态、自检状态等。

"↵"键可以进行电度量显示，如显示有功电度量、无功电度量等。

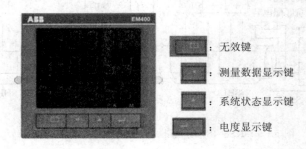

	：无效键
	：测量数据显示键
	：系统状态显示键
	：电度显示键

图 5-12 EM400 按键示意图

4. 数据读取

屏幕左侧的 DI1~DI4 指示灯分别表示 DI1~DI4 这 4 路的状态。当灯亮时表示相应的开关为合状态，当灯灭时表示相应的开关为分状态。RO1~RO2 指示灯分别表示 2 路继电器输出状态，当灯亮时表示相应的继电器为合状态，当灯灭时表示相应的继电器为分状态。屏幕下方的 k 指示灯表示当前显示的数值扩大 1000 倍，M 指示灯表示当前显示的数值扩大 1 000 000 倍。

1）显示测量数据

在任一单键显示方式下按"◀"键，将显示模拟量数据。每按一次"◀"键向下翻动一屏，到最后一屏后自动返回第一屏。图 5-13 显示三相电流，图 5-14 显示三相相电压。

第 1 屏~第 9 屏依次显示三相电流（Ia，Ib，Ic）、相电压（Ua，Ub，Uc）、线电压（Uab，Ubc，Uac）、总功率因数（PF）、三相功率因数（PFa，PFb，PFc）、总有功功率（P）、三相有功功率（Pa，Pb，Pc）、总无功功率（Q）、三相无功功率（Qa，Qb，Qc）、总视在功率（S）、三相视在功率（Sa，Sb，Sc）和频率（F）。

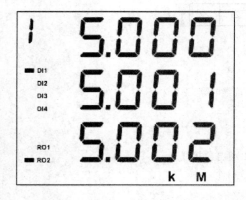

图 5-13 三相电流

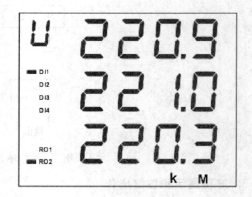

图 5-14 三相相电压

2）显示电度量

在任一单键显示方式下按"↵"键，将显示电度量数据。每按一次"↵"键向下翻动一屏，到最后一屏后自动返回第一屏。图 5-15 显示总有功电量，Ep＝3 107 110.8 kW·h。

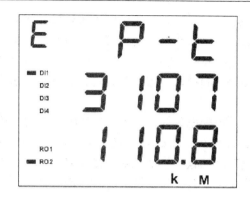

图 5 - 15　总有功电量

第 1 屏～第 2 屏依次显示总有功电量（Ep）、总无功电量（Eq）。

第 3 屏～第 5 屏依次显示 A 相有功电量（Ep - A）、B 相有功电量（Ep - B）、C 相有功电量（Ep - C）。

第 6 屏～第 8 屏依次显示 A 相无功电量（Eq - A）、B 相无功电量（Eq - B）、C 相无功电量（Eq - C）。

3）系统状态显示

在任一单键显示方式下按"▲"键，将显示系统的状态。每按一次"▲"键向下翻动一屏，到最后一屏后自动返回第一屏。图 5 - 16 显示通信和自检状态，"rd"表示通信收数据正常，如果没有显示表示收数据异常；"td"表示通信发数据正常，如果没有显示表示发数据异常；"0.0.0"三个 0 表示装置正常，如果其中出现 1 则表示装置异常，需要维护。

第 1 屏～第 3 屏可依次显示系统时间、通信和自检状态、EM400 版本号。

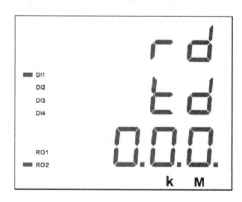

图 5 - 16　通信和自检状态

5. 参数设置

1）参数设定模式下各键功能

在单键显示方式下，同时按下"▲"键与"↵"键，进入参数设置模式，屏幕第一行显示"SET"字样表示可进行参数设置。

"◄"键用于激活当前设置页，同时光标所在位会闪动显示，每按一次"◄"键光标左移一位。

"▲"键为加1键,每按一次光标所在位的数字进行加1操作。

"↵"键为参数确认键,当一屏参数设定完成后,按"↵"键进行参数确认,这时屏幕上方显示"Y－－N"字样,按"◀"键进行Y或N的选择。选定Y时按"↵"键,设定的参数被存储,同时生效;选定N时按"↵"键,当前设定的参数不被存储。

2)各屏参数设置

参数设置模式起始界面为密码确认。每次进入参数设置模式都先提示输入密码,密码显示"－－－－",如图5-17所示。密码共4位,出厂的默认值为0000。按"◀"键可在4个密码位之间循环切换选择,按"▲"键对选定位进行加操作,范围为0~9,输入完成后按"↵"键确认。只有确认密码后才能进行参数设置,否则将停留在该页。

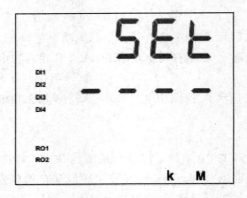

图5-17　密码保护询问页

当进入参数设置屏后,如当前页参数设置完成,按"↵"键屏幕上方会提示是否存储当前设定参数,如图5-18所示。"Y"代表YES,即存储设定的参数;"N"代表NO,即不存储参数。按"◀"键进行"Y"或"N"的选择,按"↵"键确认。

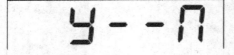

图5-18　是否存储的提示

选择"Y"并按"↵"键确认后,如设置的参数合法,则存储当前参数;如不合法,则屏幕上方显示"ERR"字样提示,如图5-19所示,参数不被存储。此时可按"◀"键重新设置参数,也可按"↵"键翻屏。

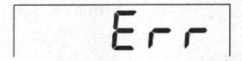

图5-19　错误提示

无论在哪一屏参数设置页,同时按下"▲"键和"↵"键将退出参数设置模式返回单键显示方式,当前设置页的内容不被存储;如果没有按"◀"键激活当前设置页,这时按"↵"键将直接翻屏,则当前页中的参数不被存储。如果在4分钟内没有任何按键操作,则屏幕将自动返回到单键显示模式。

下面介绍几个主要参数的设置方式及注意事项，包括通信参数设置、系统接线方式设置、PT 设置、CT 设置、继电器输出模式设置、继电器输出脉冲宽度设置以及直流变送输出参数的设置等。

（1）参数设置第 1 屏，通信参数设置。如图 5 - 20 所示，该页面用来设置 EM400 的通信地址、波特率和传输格式。屏幕第一行显示"CONN"字样，表示当前页为通信参数设置页。屏幕第二行显示通信地址，范围为 1～254。屏幕第三行最左侧显示传输格式，范围为 0～3，分别代表无校验两位停止位、奇校验、偶校验、无校验一位停止位。屏幕第三行最右侧显示波特率，范围为 0～4，分别代表 1.2k、2.4k、4.8k、9.6k、19.2 kb/s。

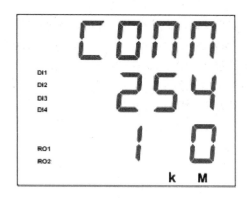

图 5 - 20　通信参数设置

（2）参数设置第二屏，系统接线方式设置。如图 5 - 21 所示，该页面用来设置系统的接线方式。屏幕第一行显示"SYS"字样，表示当前页为系统接线方式设置页。屏幕第三行显示数字为接线方式代码，其含义见表 5 - 22。

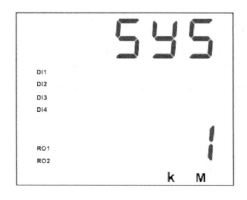

图 5 - 21　系统接线方式设置

表 5 - 22　接线方式代码及其含义

接线方式代码	含义
1	3P4L 3PT 3CT
2	3P4L 3PT 1CT
3	3P3L 3PT 3CT
4	3P3L 3PT 2CT
5	3P3L 3PT 1CT

（3）参数设置第三屏，PT 设置。如图 5 - 22 所示，该页面设置 PT 一次侧额定电压值和二次侧额定电压值。屏幕第一行显示"PT"字样，表示当前页为 PT 设置页。第二行显示的是 PT 二次侧额定值，范围为 100～220 V。第三行显示的是 PT 一次侧额定值，范围为 100～35 000 V。屏幕上显示的一次侧额定值比实际值小 10 倍，因此在图 5 - 22 中，第三行显示的"0022"实际表示的是 PT 一次侧额定电压实际值是 220 V。

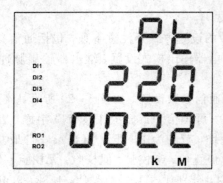

图 5-22　PT 设置

（4）参数设置第四屏，CT 设置。如图 5-23 所示，该页面用来设置 CT 的一次侧额定电流值和二次侧额定电流值。屏幕第一行显示"CT"字样，表示当前页为 CT 设置页。第二行显示的是 CT 二次侧额定值，只能为 1 A 或 5 A 两种选择。第三行显示的是 CT 一次侧额定值，范围为 1～5000 A。当产品额定电流值是 1 A 时，CT 二次侧应设置为 1；当产品额定电流值是 5 A 时，CT 二次侧应设置为 5。另外，一次侧额定电流值不能小于二次侧额定电流值。

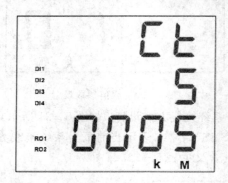

图 5-23　CT 设置

（5）参数设置第五屏，继电器输出模式设置。如图 5-24 所示，该页面用来设置继电器输出模式。屏幕上方显示"RO"字样，表示当前页为继电器输出模式设置页。共有 1 和 2 两种输出模式可供选择，模式 1 表示继电器输出方式为脉冲输出；模式 2 表示继电器输出方式为自保持。

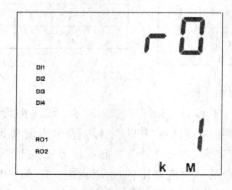

图 5-24　继电器输出模式设置

（6）参数设置第六屏，继电器输出脉冲宽度设置。当继电器设置为脉冲输出方式时，本页用来设置输出脉冲宽度。屏幕上方显示"RO－T"字样以做提示。脉冲宽度的范围为50～20 000 ms。只有当输出模式选择为模式 1，即继电器输出为脉冲型时，才能进入本页，否则本页不显示。屏幕上显示脉冲宽度值比实际值小 10 倍，如图 5 - 25 所示，"0020"实际表示的是 200 ms。

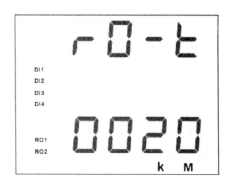

图 5 - 25　继电器输出脉冲宽度设置

（7）参数设置第七屏，直流变送输出参数设置。如图 5 - 26 所示，屏幕第一行显示 AO 表示具有变送输出功能。第二行左边 0 位置表示单向/双向（0 单向、1 双向）；第二行 01 位置显示关联类型，详见表 5 - 23。第三行表示相应电参量的量程，量程用来设置变送输出所关联测量量的范围。

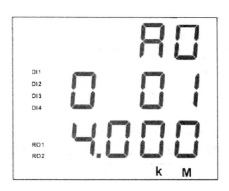

图 5 - 26　直流变送输出参数设置

表 5 - 23　关 联 类 型

关联类型	描述	备注	关联类型	描述	备注
1	关联 Uab	单向	7	关联 Ia	单向
2	关联 Ubc	单向	8	关联 Ib	单向
3	关联 Uca	单向	9	关联 Ic	单向
4	关联 Uan	单向	10	关联 F	单向/双向
5	关联 Ubn	单向	11	关联 PF	单向/双向
6	关联 Ucn	单向	12	关联 P	单向/双向

续表

关联类型	描述	备注	关联类型	描述	备注
13	关联 Q	单向/双向	20	关联 Pc	单向/双向
14	关联 S	单向	21	关联 Qa	单向/双向
15	关联 PFa	单向/双向	22	关联 Qb	单向/双向
16	关联 PFb	单向/双向	23	关联 Qc	单向/双向
17	关联 PFc	单向/双向	24	关联 Sa	单向
18	关联 Pa	单向/双向	25	关联 Sb	单向
19	关联 Pb	单向/双向	26	关联 Sc	单向

只有有功功率、无功功率、功率因数、频率可以设置为双向。当设置为单向时，4 mA 表示 0，20 mA 表示满量程。当设置为双向时，4 mA 表示负量程，20 mA 表示正量程。例如：当量程设置为 1.000 kW 时，如果设置为单向，则输出 4 mA 表示 0 kW，输出 20 mA 表示 1.000 kW，输出 12 mA 表示 0.500 kW；如果设置为双向，则输出 4 mA 表示－1.000 kW，输出 20 mA 表示 1.000 kW，输出 12 mA 表示 0 kW。

6. EM400 常用通信协议地址表

Modbus RTU 通信协议是比较常用的一种通信协议，主从应答式连接（半双工）。主站（如 PC 等）发出信号寻址某一台终端设备（如 EM400），被寻址的终端设备发出应答信号传输给主机。

（1）输出继电器状态：见表 5-24。EM400 支持 1 号功能码读取规则与 5 号遥控规则。

表 5-24　输出继电器状态表

地　址	类　型	名　称	寄存器
00010	RW	RL1	1
00011	RW	RL2	1

（2）开关量输入状态：见表 5-25。EM400 支持 2 号功能码读取规则。

表 5-25　读开关量输入的状态表

地　址	类　型	名　称	寄存器
10100	RO	DI1	1
10101	RO	DI2	1
10102	RO	DI3	1
10103	RO	DI4	1

（3）基本实时测量量：见表 5-26。EM400 支持 3 号兼容 4 号功能码读取规则。

表 5-26　基本实时测量量

地　址	类　型	名　称	寄存器
40100	RO	线电压 Uab	1
40101	RO	线电压 Ubc	1

续表

地　址	类　型	名　称	寄存器
40102	RO	线电压 Uca	1
40103	RO	保留	1
40104	RO	相电压 Uan	1
40105	RO	相电压 Ubn	1
40106	RO	相电压 Ucn	1
40107	RO	保留	1
40108	RO	电流 Ia	1
40109	RO	电流 Ib	1
40110	RO	电流 Ic	1
40111	RO	保留	1
40112	RO	保留	1
40113	RO	频率(F)	1
40115	RO	总功率因数(PF)	1
40116	RO	总有功功率(W)	1
40117	RO	总无功功率(Q)	1
40118	RO	总视在功率(S)	1
40119	RO	A 相功率因数(PFa)	1
40120	RO	B 相功率因数(PFb)	1
40121	RO	C 相功率因数(PFc)	1
40122	RO	A 相有功功率(Wa)	1
40123	RO	B 相有功功率(Wb)	1
40124	RO	C 相有功功率(Wc)	1
40125	RO	A 相无功功率(Qa)	1
40126	RO	B 相无功功率(Qb)	1
40127	RO	C 相无功功率(Qc)	1
40128	RO	A 相视在功率(Sa)	1
40129	RO	B 相视在功率(Sb)	1
40130	RO	C 相视在功率(Sc)	1

注 1：三相三线制时，地址 40104～40107 中的数据无效皆为 0，地址 40119～40130 无效。

注 2：以上数据(Ai)与实际值之间的对应关系为

电压：$U = (Ai/10) \times (PT1/PT2)$，Ai＝无符号整数，单位 V。

电流：$I = (Ai/1000) \times (CT1/CT2)$，Ai＝无符号整数，单位 A。

有功功率：$P = Ai \times (PT1/PT2) \times (CT1/CT2)$，Ai＝有符号整数，单位 W。

无功功率：$Q = Ai \times (PT1/PT2) \times (CT1/CT2)$，Ai＝有符号整数，单位 Var。

视在功率：$S = Ai \times (PT1/PT2) \times (CT1/CT2)$，Ai＝无符号整数，单位 VA。

功率因数：$PF = Ai /1000$，Ai＝有符号整数，无单位。

频率：$F = Ai/100$，Ai＝无符号整数，单位 Hz。

（4）电度量测量值：见表 5-27。EM400 支持 3 号功能码读取规则。

表 5-27　电度量测量值

地　　址	类　　型	名　　称	寄存器
40200	RW	总有功绝对值电度量累计值	2
40202	RW	总无功绝对值电度量累计值	2
40204	RW	A 相有功绝对值电度量累计值	2
40206	RW	B 相有功绝对值电度量累计值	2
40208	RW	C 相有功绝对值电度量累计值	2
40210	RW	A 相无功绝对值电度量累计值	2
40212	RW	B 相无功绝对值电度量累计值	2
40214	RW	C 相无功绝对值电度量累计值	2

注 1：三相三线制时，地址 40200~40202 读写皆有效，40204~40214 读写无效；

　　　三相四线制时，地址 40200~40202 仅读有效，40204~40214 读写有效。

注 2：以上数据（Ai）与实际值之间的对应关系为

　　　有功电度：$Ep=Ai/10$，$Ai=$ 无符号长整型（0~999999999），单位 kW·h。

　　　无功电度：$Eq=Ai/10$，$Ai=$ 无符号长整型（0~999999999），单位 kvar·h。

（5）读取遥信量：见表 5-28。EM400 支持 3 号、4 号功能码读取规则。

表 5-28　读取遥信量

地　　址	类　　型	名　　称	寄存器
40500	RO	遥信	1

注：bit0~bit3 依次是 DI1~DI4 这 4 个遥信的输入，bit4~bit15 均为 0。

5.3.2　网络配置及"Modbus 主站对象"设置

以 1 号配电岛为例，其网络配置如表 5-29 所示。把 SP 600 控制器（PM683）的 IP 地址设为 172.16.1.1；在 WinConfig 中建立一个名为"PS1"的过程站，ID 号为 1；1 号岛有三个操作员站，在 WinConfig 中分别建立其名为"OS11"、"OS12"和"OS13"，它们的 IP 地址分别为 172.16.1.11、172.16.1.12 和 172.16.1.13，ID 号分别为 11、12 和 13。要确保 WinConfig 内的所有资源有一个唯一的 ID 号。

表 5-29　1 号岛的网络设置

岛编号	SP 600（PM 683）			PC			
	过程站名称	过程站 ID	IP	工程师站 ID	操作员站 ID	操作员站名称	IP
1 号岛	PS1	1	IP:172.16.1.1	40	11	OS11	IP:172.16.1.11
					12	OS12	IP:172.16.1.12
					13	OS13	IP:172.16.1.13

在该智能配电系统中，EM400 主要起到数据采集的作用，因此选择 EM400 通信地址中"实时测量量"的部分 Modbus 寄存器地址，建立如表 5-30 所示的通信点表。

表 5 - 30　　EM400 通信地址点表

变　量	描　述	寄存器地址	变量数据类型
EM400_Ia#	EM400 电流 Ia	40108	REAL
EM400_Ib#	EM400 电流 Ib	40109	REAL
EM400_Ic#	EM400 电流 Ic	40110	REAL
EM400_Uan#	EM400 相电压 Uan	40104	REAL
EM400_Ubn#	EM400 相电压 Ubn	40105	REAL
EM400_Ucn#	EM400 相电压 Ucn	40106	REAL
EM400_Uab#	EM400 线电压 Uab	40100	REAL
EM400_Ubc#	EM400 线电压 Ubc	40101	REAL
EM400_Uca#	EM400 线电压 Uca	40102	REAL
EM400_W#	EM400 总有功功率 W	40116	REAL
EM400_Q#	EM400 总无功功率 W	40117	REAL

　　注：1 号配电岛的"#"为 1，2 号配电岛对应的"#"为 2，依此类推。

　　在 EM400 的通信参数设置页，设置了 EM400 的通信地址为 7，无校验 1 位停止位，波特率是 19 200 b/s，如图 5 - 27 所示。

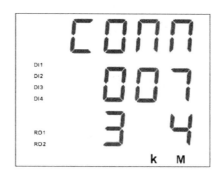

图 5 - 27　EM400 通信参数设置

　　在 EM400 的 CT 设置页，设置 CT 的一次侧额定电流是 75 A，二次侧额定值是 5 A，如图 5 - 28 所示。

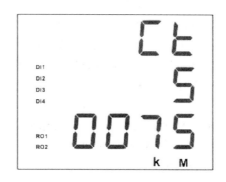

图 5 - 28　EM400 的 CT 设置

在 WinConfig 工程师站软件中,在"硬件结构"页面,按照图 5-29 所示的步骤在 PM 683 下插入了一个"Modbus 主站对象"。在"Modbus 主站对象"的参数设置页面,设置 "RTU 格式、RS 485 模式、无校验 1 位停止位、波特率是 19 200 b/s",使得 Modbus 主站 和 EM400 的通信参数一致。

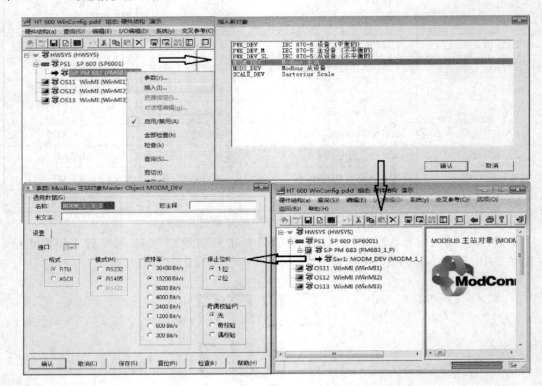

图 5-29　插入"Modbus 主站对象"的操作流程

5.3.3　EM400 的 FBD 编程

作为 IEC 61131-3 控制语言程序列表,按照在项目树中的序号,周期执行程序。

在项目树的程序列表(PL)中建立"EM400 电力监控装置 1(FBD)",如图 5-30 所示。双击该 FBD 程序,进入功能块图 FBD 编程窗口,鼠标点击"块"→"Modbus 主站"→"读寄存器-1(MODM_R1R)",把 MODM_R1R 功能块放置在 FBD 程序区,如图 5-31 所示。

功能块 MODM_R1R 只可以读一个寄存器,并指定到输出引脚。同理,MODM_R8R 最多可以读取 8 个寄存器,而 MODM_R16R 最多可以读取 16 个寄存器。

鼠标双击 MODM_R1R 功能块,进入参数设置窗口,设置 MODM_R1R 功能块的参数如图 5-32 所示。若"自动请求"选项框未被选中,则要输入引脚 REQ 为逻辑 1 时才开始数据传输。由表 5-30 可知,若要读取电流 Ia,则需要用到地址为 40108 的保持寄存器,因此在图 5-32 的"起始地址"输入框中输入 108。接口名称无需手动输入,只要在输入框按下 F2 键,选择已经建立的 Modbus 主站对象名称"MODM_1_3_1"即可。为了和 EM400 的通信参数设置一致,输入从站的地址为 7。

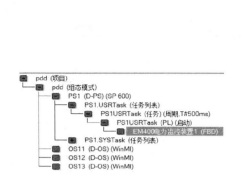

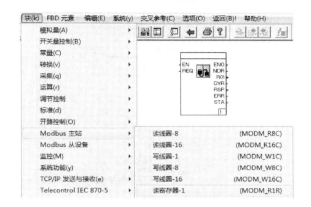

图 5-30　创建"EM400 电力监控装置 1(FBD)"　　　　图 5-31　放置"MODM_R1R"功能块

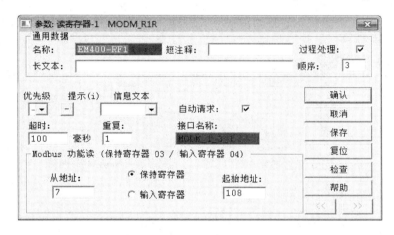

图 5-32　MODM_R1R 的参数设置

MODM_R1R 功能块在引脚 R01 输出 WORD 型数据，把 WORD 型数据利用两个转换函数转成 REAL 型。利用保持寄存器 40108 读到的电流数值 I 与实际电流值 Ia 之间的对应关系为

$$Ia = \frac{I}{1000} \times \frac{CT1}{CT2}$$

使用基本运算功能块进行乘法和除法运算。

在 1 号岛获取 EM400 的电流 Ia 的 FBD 程序如图 5-33 所示。

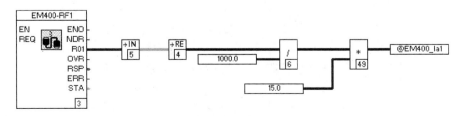

图 5-33　1 号岛 EM400 的 Ia 程序

用同样的方法，建立 EM400 电流 Ib、Ic 程序，建立 EM400 相电压、线电压、总有功和总无功功率程序。1 号岛 EM400 的部分 FBD 程序见图 5-34。

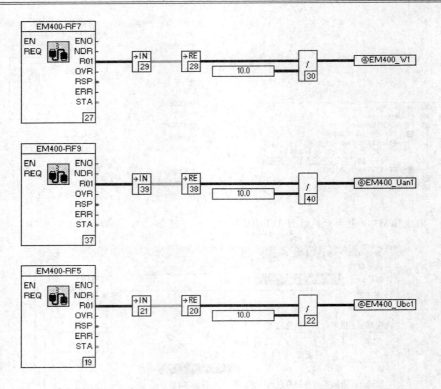

图 5-34　1 号岛 EM400 相电压、线电压、总有功功率程序（部分）

5.3.4　EM400 的画面组态

在项目树选择操作员站对象 OS11 节点，单击鼠标右键选择"插入"→"下一级"，在"对象选择"窗口双击"图形显示 FGR"，在"图形显示 FGR"对话框输入流程图的名称。

建立一个叫"♯1 流程图"的 FGR，单击"确定"按钮完成一个 FGR 图形对象的创建。双击该图形对象，打开图形编辑器窗口，编辑绘制工艺流程图。

利用工具箱中的"文本"、"文字数字显示"、"按钮"等，绘制一个关于电流 Ia 的图像。在此基础上，画出 1 号岛的 EM400 图形画面，如图 5-35 所示。

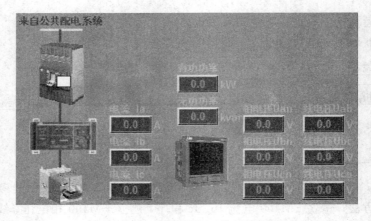

图 5-35　1 号岛 EM400 的 FGR 画面

5.4　ACS510 组态

5.4.1　ACS510 变频器简介

　　ACS510 系列变频器是 ABB 的一款高品质的电动机变频调速控制设备，广泛应用于各种工业领域，适用各类型负载。ACS510 还针对风机、水泵应用做了特别优化，典型的应用包括恒压供水、冷却风机、地铁和隧道通风机等。

　　在表 5-31 中，型号代码一栏列出了变频器的功率容量和外形尺寸。对应选中的类型代码，外形尺寸可用来确定变频器的尺寸。

表 5-31　ACS510 变频器的型号代码和外形尺寸

额定容量			型号代码	外形尺寸
S_N /kV·A	P_N /kW	I_{2N} /A		
2.3	1.1	3.3	ACSS10-01-03A3-4	R1
3	1.5	4.1	ACSS10-01-04A1-4	R1
4	2.2	5.6	ACSS10-01-05A6-4	R1
5	3	7.2	ACSS10-01-07A2-4	R1
6	4	9.4	ACSS10-01-09A4-4	R1
9	5.5	11.9	ACSS10-01-012A-4	R1
11	7.5	17	ACSS10-01-017A-4	R2
16	11	25	ACSS10-01-025A-4	R2
20	15	31	ACSS10-01-031A-4	R3
25	18.5	38	ACSS10-01-038A-4	R3
30	22	46	ACSS10-01-046A-4	R3
41	30	60	ACSS10-01-060A-4	R4
50	37	72	ACSS10-01-072A-4	R4
60	45	88	ACSS10-01-088A-4	R4
70	55	125	ACSS10-01-125A-4	R5
100	75	157	ACSS10-01-157A-4	R6
120	90	180	ACSS10-01-180A-4	R6
140	110	195	ACSS10-01-195A-4	R6

1. ACS510 变频器外部端子

变频器端子 U1、V1、W1 接三相电源，在交流输入电源和 ACS510 变频器之间，要安装断路设备。变频器的 PE 端子为保护地，为了保证人员安全、操作正确、减少电磁辐射，变频器和电机必须要在安装处接地，导线的直径必须满足安全法规的要求、功率电缆屏蔽层必须要连接到变频器的 PE 端。变频器端子 U2、V2、W2 接三相电动机。

对于 R1、R2 尺寸的 ACS510 变频器，电动机若需要快速停机，则要在变频器的制动端子(BRK＋、BRK－)接制动电阻；对于 R3、R4、R5 及 R6 尺寸的变频器来说，电动机若需要快速停机，则要在变频器的制动端子(UDC＋、UDC－)接制动电阻。

图 5－36 是 R3 尺寸的 ACS510 变频器的端子布局图，控制端子 X1 的定义见表 5－32。其他尺寸的变频器与 R3 的布局相似。

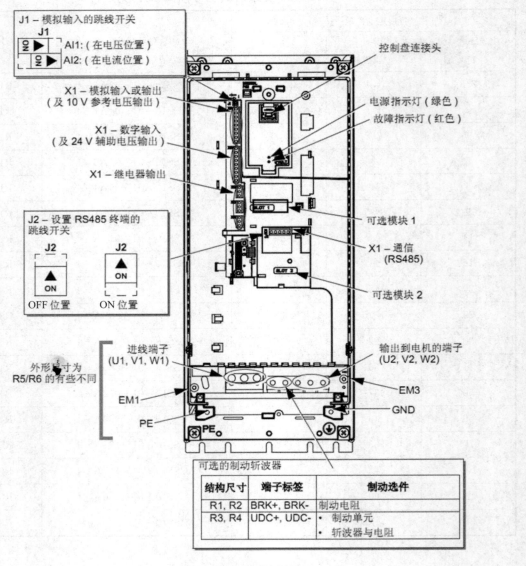

图 5－36　端子布局图

数字量信号输入端子可以采用 PNP 或者 NPN 的接线方式,如图 5 - 37 所示。

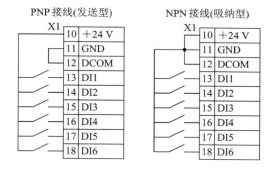

图 5 - 37　PNP 和 NPN 两种接线方式

表 5 - 32　控制端子 X1 的定义

	X1		硬 件 描 述
模拟 I/O	1	SCR	控制信号电缆屏蔽端(内部与机壳连接)
	2	AI1	模拟输入 1,可编程,默认[②]=频率给定;分辨率 0.1%,精度±1%
			J1:AI1 OFF:0~10 V(R$_i$=312 kΩ) ▶
			J1:AI1 ON:0~20 mA(R$_i$=100 Ω) ▶
	3	AGND	模拟输入电路公共端(内部通过 1 MΩ 电阻与机壳连接)
	4	+10 V	用于模拟输入电位器的给定电压输出。10 V±2%,最大 10 mA(1 kΩ≤R≤10 kΩ)
	5	AI2	模拟输入 1,可编程,默认[②]=不使用。分辨率 0.1%,精度±1%
			J1:AI2 OFF:0~10 V(R$_i$=312 kΩ) ▶
			J1:AI2 ON:0~20 mA(R$_i$=100 Ω) ▶
	6	AGND	模拟输入电路公共端(内部通过 1 MΩ 电阻与机壳连接)
	7	AO1	模拟输出 1,可编程,默认[②]=频率。0~20 mA(负载<500 Ω)
	8	AO2	模拟输出 2,可编程,默认[②]=频率。0~20 mA(负载<500 Ω)
	9	AGND	模拟输入电路公共端(内部通过 1 MΩ 电阻与机壳连接)
数字输入	10	+24 V	辅助电压输出 24 VDC/250 mA(以 GND 为参考)。有短路保护
	11	GND	辅助电压输出公共端(内部浮地连接)
	12	DCOM	数字输入公共端[①]。为了激活一个数字输入,输入和 DCOM 之间必须≥+10 V(或≤-10 V);24 V 可以由 ACS510 的(X1~10)提供或由一个 12~24 V 的双极性外部电源提供
	13	DI1	数字输入 1,可编程。默认[②]=起/停
	14	DI2	数字输入 2,可编程。默认[②]=正向/反向
	15	DI3	数字输入 3,可编程。默认[②]=恒速选择
	16	DI4	数字输入 4,可编程。默认[②]=恒速选择
	17	DI5	数字输入 5,可编程。默认[②]=斜坡选择
	18	DI6	数字输入 6,可编程。默认[②]=未使用

	X1		硬 件 描 述
继电器输出	19	RO1A	继电输出 1，可编程。默认②＝准备好 最大：250 VAC/30 VDC，2 A 最小：500 mW(12 V，10 mA)
	20	RO1B	
	21	RO1C	
	22	RO2A	继电输出 2，可编程。默认②＝运行 最大：250 VAC/30 VDC，2 A 最小：500 mW(12 V，10 mA)
	23	RO2B	
	24	RO2C	
	25	RO3A	继电输出 3，可编程。默认②＝故障（反） 最大：250 VAC/30 VDC，2 A 最小：500 mW(12 V，10 mA)
	26	RO3B	
	27	RO3C	

注：① 数字输入阻抗 1.5 kΩ。数字输入最大电压 30 V；

　　② 默认值根据选用的宏的不同而不同。这里给出的是默认宏的默认值。

2. ACS510 变频器控制盘

　　使用控制盘可以控制 ACS510 变频器、读取状态数据和调整参数值。ACS510 变频器有如图 5-38 所示的两种不同型号控制盘。ACS-CP-D 助手型控制盘带中文显示，有多种运行模式，在出现故障时该控制盘有文字说明。ACS-CP-C 是基本型控制盘，为手动输入参数值提供了基本工具。图 5-38(b)是基本型控制盘，其按键及显示符的功能见表 5-33。

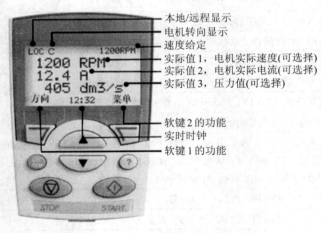

(a) ACS-CP-D 助手型控制盘　　　　　　　　(b) ACS-CP-C 基本型控制盘

图 5-38　控 制 盘

表 5 - 33　基本型控制盘面板上各按键功能

按键名	说　　明
EXIT/RESET	退出到下一更高级的菜单。不存储所改变的参数值
MENU/ENTER	回车进入更深一级菜单。在最深一级菜单下，存储显示值作为新设定值
▲UP	• 向上翻动菜单或列表； • 如果参数被选择，增加参数值； • 当处于给定模式下时，增加给定值
▼ DOWN	• 向下翻动菜单或列表； • 如果参数被选择，减小参数值； • 当处于给定模式下时，减小给定值
LOC/REM	在本地控制和远程控制之间切换
DIR ⌒	改变变频器的旋转方向
STOP	停止变频器
START	启动变频器

基本型控制盘的液晶显示分成五个区域，如图 5 - 39 所示。

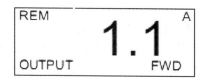

图 5 - 39　液晶显示的五个区域

左上角区域是定义控制地，本地控制显示"LOC"，远程控制显示为"REM"。"LOC"表明变频器控制地是本地控制，控制命令来自于控制盘。"REM"表明变频器的控制地是远程控制，控制命令可来自于 I/O(X1)口或者现场总线。图 5 - 39 显示的是"REM"远程控制。

右上角定义了参数单位，图 5 - 39 中显示的参数单位是"A"。

中间区域每次显示 01 组参数中的一个参数值。若按 UP(▲)或 DOWN(▼)键，可以在三个参数之间轮换。在默认状态下，滚动显示 0103（输出频率）、0104（电流）和 0105（转矩）三个参数值，可以使用参数 3401、3408 和 3415 在 01 组的参数中选择所要显示的参数。中间区域通常显示参数值、菜单、列表，也会显示控制盘的故障代码。

左下方显示的是"OUTPUT"输出，当选择轮换模式时，显示"MENU"菜单。

右下方显示电机旋转方向，即"FWD"正转或"REV"反转字样。当电机达到给定速度时，"FWD"或"REV"字样保持稳定；当电机停止时，"FWD"或"REV"字样缓慢闪动。

当电机升速时，"FWD"或"REV"字样快速闪动。

1）输出模式

使用输出模式能够读取变频器的状态信息，以及操作变频器。为了进入输出模式，按下 EXIT/RESET 键直到显示类似如图 5 - 39 所示的状态信息。

初次通电时，变频器处于远程控制模式"REM"，由控制端子块 X1 来控制。若要进入本地控制"LOC"，使用控制盘控制变频器。有两种不同情况：

（1）如果按下 LOC/REM 键接着释放该键（闪烁显示"LoC"），则会停止变频器，使用给定模式来设置本地控制给定。

（2）如果按下 LOC/REM 键并保持 2 秒（当显示从"LoC"到"LoC r"状态时释放该键），变频器会保持先前的状态。变频器拷贝先前的远程控制地的启动/停止状态和给定值，作为本地控制命令最初的值。

按下 START 或 STOP 按键，可以启动或停止变频器。

若参数 1003 值为 3，按下方向键 DIR，可改变变频器的旋转方向。

再按下"LOC/REM"键，重新回到远程控制"REM"。

2）给定模式

使用给定模式来设置速度或频率给定。

在正常情况下，当变频器处于本地控制"LOC"时，给定控制才可用。当然，若变频器处于远程控制"REM"，通过修改参数组 11，也允许在远程模式下从控制盘调整给定。

给定模式的典型操作步骤如下：

（1）在输出模式按 MENU/ENTER 键，会显示"reF 给定"、"PAr 参数"、"CoPY 拷贝"这三种模式。

（2）用 UP(▲)、DOWN(▼)键进入"reF 给定"。

（3）按下 MENU/ENTER 键，显示当前给定值，在给定值下带"SET"字样。

（4）使用 UP(▲)、DOWN(▼)键设置所需给定值。

（5）按 EXIT/RESET 键返回到输出模式。

3）参数模式

使用参数模式可设置参数值，参数模式的典型操作步骤如下：

（1）在输出模式按下 MENU/ENTER 键，交替显示"reF 给定"、"PAr 参数"、"CoPY 拷贝"这三种模式。

（2）使用 UP(▲)、DOWN(▼)键进入"PAr 参数"。

（3）按下 MENU/ENTER 键，显示 01、02、03、…、99 参数组之一。

（4）使用 UP(▲)、DOWN(▼)键进入所要的参数组。例如，选择进入参数组"34"。

（5）按下 MENU/ENTER 键，显示已选的参数组的一个参数，如参数"3401"。

（6）使用 UP(▲)、DOWN(▼)键找到需要修改的参数，如参数"3408"。

（7）按住 MENU/ENTER 键 2 s 或者快速按 MENU/ENTER 键两次可显示参数值，并在参数值下带"SET"字样。

（8）使用 UP(▲)、DOWN(▼)键设置参数值，如把参数"3408"值设置为 106。在"SET"字样状态，同时按 UP(▲)、DOWN(▼)键会显示参数缺省值。

（9）在"SET"状态下，按 MENU/ENTER 键存储所显示的参数值。

（10）按 EXIT/RESET 键返回到输出模式。

"3408"参数用于选择第二个需要显示在控制盘上的参数，因此液晶显示中间区域滚动显示 0103（频率）、0106（电机输出功率）和 0105（转矩）值。

3. 上电启动

ACS510 上电后，绿色 LED 指示灯亮。从电机铭牌上获得额定电压、额定电流、额定频率、额定转速、额定功率等信息，然后选择一个合适的应用宏，最后根据实际情况调整部分参数。

所谓宏，是指一组预先定义的参数的集合。应用宏将现场实际使用过程中所需设定的参数数量减至最少。通过设置参数"9902"（应用宏）的值选择被预定义参数的应用宏。参数"9902"默认值为 1，对应 ABB 标准宏。选择一个宏后，可以用控制盘手动改变其他需要更改的参数。

ABB 标准宏提供一种通常方案，即带三个恒速的 2 线式 I/O 配置宏，典型的接线举例如图 5 - 40 所示。限于篇幅，其他宏的典型接线方式请参考《ACS510 - 01 用户手册》。

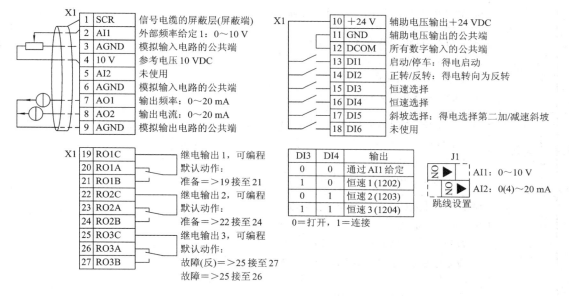

图 5 - 40　ABB 标准宏典型接线

按照表 5 - 34 所示 99 参数组描述的信息，把电机铭牌上的额定电压、额定电流等数据输入到对应的参数（9905～9909）中。

4. 启动方式与频率给定

一般变频器在出厂时设置为从面板启动，但是使用者可以根据实际情况选择启动方式，除了面板之外，还可以通过外部端子、通信等手段启动。

一般变频器频率给定有多种方式，有面板给定、外部电压/电流给定、通信方式给定等。

面板频率给定是一种数量设定频率方式，可通过面板的"上/下箭头"、"旋钮"等来实现，这种方式无法在现场实时修改变频器的运行频率，比较适用于单机拖动且不经常修改运行频率的场合。

利用模拟量端子来实现频率给定，大多分电压、电流两种形式。电压输入有 0～5 V、0～10 V、-5～5 V、-10～10 V 等几种，电流输入有 0～20 mA 和 4～20 mA 两种。用这种方式设定频率可以实现外控操作，现场也可以实时修改，但是模拟量在传输过程中容易受到干扰。

生产实践中,这几种频率给定方式常常是一种或者多种方式组合使用。

表 5 - 34   99 参数组描述

变频器参数	描 述
9901	LANGUAGE(语言) 选择所显示的语言:0＝英文,1＝中文,2＝韩国语
9902	APPLIC MACRO(应用宏) 选择一个应用宏。应用宏自动设置参数,使 ACS510 得以完成某些特定的应用。 1＝ABB 标准宏 2＝3－线宏 3＝交变宏 4＝电动电位器宏 5＝手动/自动宏 6＝PID 控制宏 7＝PFC 控制宏 15＝SPFC 控制宏 0＝用户宏 1 上载 －1＝用户宏 1 存储 －2＝用户宏 2 上载 －3＝用户宏 2 存储
9905	MOTOR NOM VOLT(电机额定电压) 定义电机额定电压。 • 必须等于电机铭牌上的值; • ACS510 输出到电机的电压无法大于电源电压
9906	MOTOR NOM CURR (电机额定电流) 定义电机额定电流。 • 必须等于电机铭牌上的值; • 允许范围:(0.2~2.0)×I2n
9907	MOTOR NOM FREQ (电机额定频率) 定义电机额定频率。 • 范围:10~500 Hz(通常是 50 Hz 或 60 Hz)。 • 设定频率点,使得变频器输出电压在该点时等于电机额定电压; • 弱磁点＝电机额定频率×供电电压/电机额定电压
9908	MOTOR NOM SPEED (电机额定转速) 定义电机额定转速。 • 必须等于电机铭牌上的值
9909	MOTOR NOM POWER(电机额定功率) 定义电机额定功率。 • 必须等于电机铭牌上的值

5. ACS510 变频器的现场总线

通过标准串行通信协议,ACS510 变频器可以接受来自外部系统的控制信号。如图 5 - 41 所示,通过控制板端子 X1:28~32 上的 RS - 485 接口,控制系统可以和使用 Modbus 协议的变频器进行通信。ACS510 变频器还可以安装现场总线适配器(FBA)来进行 Modbus 通信。

ACS510 变频器采用 RS - 485 作为 Modbus 的物理接口,支持 Modbus - RTU 传输模

式，不支持 Modbus ASCII 的传输模式。

　　若采用内置现场总线，则要考虑使用一对屏蔽线连接 RS－485 链路，这一对屏蔽线将所有的 A 端(一)连到一起，将所有的 B 端(＋)连到一起。将另一对双绞线中的一根导线接到逻辑地(端子 31)，双绞线中的另一根导线不使用。

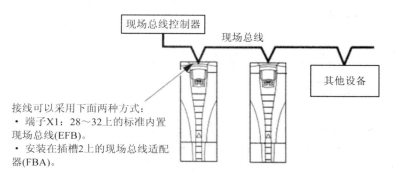

图 5-41　ACS510 变频器的两种串行通信配置

　　不要将 RS-485 网络在任何点直接接地。在 RS-485 网络中的各设备要接地，则应使用网络设备上的接地端子。在任何情况下，接地导线都不应该构成一个环路，所有设备应该接到一个公共地上。

　　将 RS-485 通信链路接入一个无支路链式总线中。为了减小网络中的干扰，在网络两端用 120 Ω 的电阻来作为 RS-485 网络终端电阻。使用 DIP 开关来连接或断开终端电阻，如图 5-42 所示。RS-485 多点连接的接线方式见图 5-43。

图 5-42　ACS510 链式连接方式

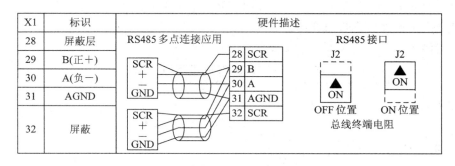

图 5-43　ACS510 内置标准 Modbus 的连接方式

6. ACS510 内置现场总线设置

1) 通信协议选择

首先设置参数 9802 COMM PROTOCOL SEL＝1(标准 Modbus)。

2) 串行通信配置

对站点地址、波特率、数据长度、校验位等进行设置，相关参数的描述见表 5-35。

表 5 - 35   **ACS510 串行通信设置的参数**

代码	描　述	Modbus 协议
5301	通信协议的 ID 和程序版本	只读。将参数 9802 通信协议选择设置为非零值，都会自动设置该参数。格式为：XXYY，这里 XX＝协议 ID，YY＝程序版本
5302	RS485 链路的站点地址	用一个唯一的值来表示网络中各传动。当选择了该协议时，此参数默认值为 1
	注意：要使一个新地址生效，变频器必须断电后重新上电，或在选择新地址之前将参数 5302 置 0。参数 5302＝0 将 RS 485 通道复位，并禁止通信	
5303	RS 485 网络的通信波特率，单位为 kb/s 1.2 kb/s, 2.4 kb/s, 4.8 kb/s, 9.6 kb/s 19.2 kb/s, 38.4 kb/s, 57.6 kb/s, 76.8 kb/s	参数默认值是 9.6 kb/s
5304	RS 485 通信的数据长度，奇偶校验位和停止位 网络中所有站点的设置必须相同 0＝8N1，表示 8 位数据，无奇偶校验，一位停止位； 1＝8N2，表示 8 位数据，无奇偶校验，两位停止位； 2＝8E1，表示 8 位数据，偶校验，一位停止位； 3＝8O1，表示 8 位数据，奇校验，一位停止位	参数参数的默认值是 1
5305	选择所用的通信配置文件 0＝ABB 传动简装版，1＝DCU 协议，2＝ABB 传动完全版	该参数的默认值是 0

3）变频器的控制功能与反馈信号

要求把控制所需的变频器数据定义为现场总线的输入，同时变频器所需的控制数据定义为现场总线的输出，包括启停控制、方向控制、输入给定选择、继电器输出控制、模拟量输出控制等，下面将分别进行介绍。

（1）启停控制和方向控制。相关参数及设置见表 5 - 36。

表 5 - 36   **启停控制和方向控制**

传动参数		参数值	描　述	Modbus[1] 协议规定	
				ABB 传动	DCU 配置
1001	外部 1 命令	10（通信）	启/停控制由现场总线通过 Ext1 进行选择	40001 位 0～3	40031 位 0、位 1
1002	外部 2 命令	10（通信）	启/停控制由现场总线通过 Ext2 进行选择	40001 位 0～3	40031 位 0、位 1
1003	方向	3（双向）	方向由现场总线控制	40002/40003[2]	40031 位 3

注意：① 当参数 5305＝0（ABB 传动简装版）时，或 5305＝2（ABB 传动完全版）时，表示选择 ABB 传动配置文件。当参数 5305＝1（DCU 协议）时，表示选择 DCU 配置文件。

② 负给定值表示提供反向控制。

（2）输入给定选择。通过现场总线提供变频器所需输入给定，变频器参数值按照表 5 - 37 所示进行设置，现场总线控制器选择相应 Modbus 寄存器地址或 Modbus 寄存器地址的位给出给定值。

表 5 - 37　输入给定选择

传动参数		参数值	描　述	Modbus 协议规定	
				ABB 传动	DCU 配置
1102	外部 1/2 选择	8（通信）	通过现场总线选择给定	40001 位 11	40031 位 5
1103	给定 1 选择	8（通信）	输入给定 1 来自现场总线	40002	
1006	给定 2 选择	8（双向）	输入给定 2 来自现场总线	40003	

（3）变频器其他控制功能。按照表 5 - 38 所示设置变频器参数值，现场总线控制器选择相应的 Modbus 寄存器或 Modbus 寄存器的位给出给定值。

表 5 - 38　变频器其他控制功能

传动参数		参数值	描　述	Modbus 协议规定	
				ABB 传动	DCU 配置
1601	运行允许	7（通信）	运行使能信号来自现场总线	40001 位 3	40031 位 6（反逻辑）
1604	故障复位选择	8（通信）	故障复位信号来自现场总线	40001 位 7	40031 位 4
1606	本地锁定	8（通信）	本地控制锁选择信号来自现场总线	—	40031 位 14
1607	参数存储	1（存储）	将改变的参数保存到内存中（返回值为 0）	41607	
1608	启动允许 1	7（通信）	启动使能 1 的信号源是现场总线命令字	—	40032 位 2
1609	启动允许 2	7（通信）	启动使能 2 的信号源是现场总线命令字	—	40032 位 3
2201	加减速 1/2 选择	7（通信）	加速/减速斜坡对的信号源是现场总线	—	40031 位 10

（4）变频器继电器输出控制及状态反馈。按照表 5 - 39 所示设置变频器参数值，现场总线控制器选择相应 Modbus 寄存器或 Modbus 寄存器的位给出继电器通/断控制命令。

表 5 - 39　变频器的继电器输出控制及状态反馈

传动参数		参数值	描　述	Modbus 协议规定	
				ABB 传动	DCU 配置
继电器输出控制功能					
1401	继电器输出 1	35（通信）	继电器输出 1 由现场总线控制	40134 位 0 或 00033	
1402	继电器输出 2	35（通信）	继电器输出 2 由现场总线控制	40134 位 1 或 00034	
1403	继电器输出 3	35（通信）	继电器输出 3 由现场总线控制	40134 位 2 或 00035	

传动参数		参数值	描　述	Modbus 协议规定	
				ABB 传动	DCU 配置
1410	继电器输出 4	35（通信）	继电器输出 4 由现场总线控制	40134 位 3 或 00036	
1411	继电器输出 5	35（通信）	继电器输出 5 由现场总线控制	40134 位 4 或 00037	
1412	继电器输出 6	35（通信）	继电器输出 6 由现场总线控制	40134 位 5 或 00038	
继电器的状态反馈					
0122	RO 1～3 状态	继电器输出 1～3 状态		40122	
0123	RO 4～6 状态	继电器输出 4～6 状态		40123	

（5）模拟量输出控制功能。按照表 5-40 所示设置变频器的参数值，现场总线控制器选择相应 Modbus 寄存器给出给定值。

表 5-40　变频器模拟量输出功能

传动参数		参数值	描　述	Modbus 协议规定	
				ABB 传动	DCU 配置
1501	AO1 赋值	135（通信值 1）	通过写入参数 0135 进行控制的模拟输出 1	—	
0135	通信值 1	—		40135	
1507	AO2 赋值	136（通信值 2）	通过写入参数 0136 进行控制的模拟输出 2	—	
0136	通信值 2	—		40136	

（6）变频器的反馈信号。反馈信号不需要变频器进行配置，常用反馈信号见表 5-41。

表 5-41　变频器常用反馈信号

传 动 参 数		Modbus 协议规定	
		ABB 传动	DCU 配置
0102	速度	40102	
0103	输出频率	40103	
0104	电流	40104	
0105	转矩	40105	
0106	功率	40106	
0107	直流母线电压	40107	
0109	输出到电机电压	40109	
0110	变频器温度	40110	

4）Modbus 寻址

ACS510 支持 Modbus 技术规范中规定的从零开始的寻址空间。例如，保持寄存器 40002 在 Modbus 消息中地址为 0001；线圈 00033 在 Modbus 消息中地址为 0032。

采用 Modbus 进行通信时，ACS510 支持多个保存了控制和状态信息的配置文件。使用的配置文件由参数 5305(EFB 控制协议)选择。

在 ACS510 中，Modbus 寄存器地址及其支持的功能码见表 5－42。

表 5－42　Modbus 寄存器地址分配

ACS510	Modbus 寄存器 PLC 地址	支持的功能代码(十进制)
• 控制位 • 继电器输出	线圈状态(0xxxx)	• 01—读取线圈状态 • 05—对单个线圈进行强制 • 15—对多个线圈进行强制
• 状态位 • 离散输入	离散输入状态(1xxxx)	• 02—读取输入状态
• 模拟输入	输入寄存器(3xxxx)	• 04—读取输入寄存器
• 参数 • 控制字/状态字 • 给定	保持寄存器(4xxxx)	• 03—读取 4X 寄存器 • 06—写单个 4X 寄存器 • 16—写多个 4X 寄存器 • 23—读/写 4X 寄存器

（1）线圈状态(0xxxx)。启动、停止、反向等信息映射到 Modbus 线圈状态(0xxxx)。00001～00032 共有 32 个 Modbus 线圈状态专门用于控制字逐位映射。从线圈状态 00033～00038，分别对应继电器输出 1～继电器输出 6。

若采用 DCU 协议，00001 对应控制字的 bit0，"停止"信息；00002 对应控制字的 bit1，"启动"信息；00003 对应控制字的 bit2，"反向"信息。

（2）离散输入状态(1xxxx)。把运行、故障、报警等信息映射到 Modbus 离散输入状态(1xxxx)。10001～10032 共有 32 个 Modbus 离散输入状态专门用于状态字逐位映射。从离散输入状态 10033～10038，分别对应开关量输入信号 DI1～DI6。

若采用 CDU 协议，10002 对应状态字的 bit1，"已允许"信息；10004 对应状态字的 bit3，"运行"信息；10016 对应状态字的 bit15，"故障"信息；10017 对应状态字的 bit16，"报警"信息。

（3）输入寄存器(3xxxx)。变频器把模拟量输入 AI1 的值映射到 30001 中，把模拟量输入 AI2 的值映射到 30002 中，见表 5－43。

表 5－43　模拟量输入映射到输入寄存器

输入寄存器	ACS510 所有配置文件	说　　　明
30001	AI1	该寄存器为模拟输入 1 的值(0～100%)
30002	AI2	该寄存器为模拟输入 2 的值(0～100%)

（4）保持寄存器(4xxxx)。40001～40099 映射到变频器控制字、状态字、给定和实际值，见表 5－44。40101～49999 映射到变频器参数 0101～9999。如果保持寄存器的地址不对应变频器参数，那么该地址无效。如果对参数地址以外的寄存器读写，则 Modbus 接口会向控制器返回一个异常码。

表 5 - 44　保持寄存器(4xxxx)地址含义说明

保持寄存器(4xxxx)		访问类别	说　明
40001	控制字	读/写	直接映射配置文件的控制字。只有在 5305＝0 或 2(ABB 传动配置文件)时,映射才有效。参数 5319 按十六进制格式保存着控制字的一个副本
40002	给定 1	读/写	范围:0～＋20000(换算到 0～1105 给定 1 最大),或－20000～0(换算到 1105 给定 1 最大～0)
40003	给定 2	读/写	范围:0～＋10000(换算到 0～1108 给定 2 最大),或－10000～0(换算到 1108 给定 2 最大～0)
40004	状态字	读	直接映射到配置文件的状态字。只有在 5305＝0 或 2(ABB 传动配置文件)时,映射才有效。参数 5320 按十六进制格式保存着状态字的一个副本
40005	实际值 1(用参数 5310 来选择)	读	默认情况下,保存 0103 输出频率的一个副本。可使用参数 5310 为该寄存器选择不同的实际值
40006	实际值 2(用参数 5311 来选择)	读	默认情况下,保存 0104 电机电流的一个副本。可使用参数 5311 为该寄存器选择不同的实际值
40007	实际值 3(用参数 5312 来选择)	读	默认情况下,不保存任何值。使用参数 5312 为该寄存器选择不同的实际值
40008	实际值 4(用参数 5313 来选择)	读	默认情况下,不保存任何值。使用参数 5313 为该寄存器选择不同的实际值
40009	实际值 5(用参数 5314 来选择)	读	默认情况下,不保存任何值。使用参数 5314 为该寄存器选择不同的实际值
40010	实际值 6(用参数 5315 来选择)	读	默认情况下,不保存任何值。使用参数 5315 为该寄存器选择不同的实际值
40011	实际值 7(用参数 5316 来选择)	读	默认情况下,不保存任何值。使用参数 5316 为该寄存器选择不同的实际值
40012	实际值 8(用参数 5317 来选择)	读	默认情况下,不保存任何值。使用参数 5317 为该寄存器选择不同的实际值
40031	控制字 LSW	读/写	直接映射到 DCU 配置文件控制字的低 16 位。只有在 5305＝1 时,映射才有效
40032	控制字 MSW	读	直接映射到 DCU 配置文件控制字的高 16 位。只有在 5305＝1 时,映射才有效
40033	状态字 LSW	读	直接映射到 DCU 配置文件状态字的低 16 位。只有在 5305＝1 时,映射才有效
40034	状态字 MSW	读	直接映射到 DCU 配置文件状态字的高 16 位。只有在 5305＝1 时,映射才有效

5.4.2　ACS510 变频器参数设置及通信点表

在该智能配电系统中,1 个配电岛配有一台 ACS510 变频器,假设变频采用 DCU 协议,要利用 53 参数组定义映射到 4xxxx 寄存器的参数,则 ACS510 变频器的参数设置可见表 5 - 45,变频器的通信点表见表 5 - 46。

表 5 - 45　变频器参数设置

变频器参数	参数整定值	参数描述	补充说明
9802	1	通信协议选择，1 表示是标准 Modbus	变频器通过 RS - 485 串行通信口 (X1 相关端子)和 Modbus 总线相连
5302	3	从站号	变频器通信帧中 Modbus 从站地址
5303	19.2	波特率	19 200 b/s
5304	0	数据长度、奇偶校验位、停止位	8 位数据位，无校验 1 位停止位
5305	1	控制类型	1 表示 DCU 协议
1001	10	外部 1 命令	启/停和方向信号来自现场总线控制字
1102	0	选择外部控制 1	外部 1/外部 2 选择
1103	8	变频器频率给定	外部给定 1 信号源，给定值来自串行通信
5310	103	映射到 Modbus 寄存器 40005 的参数	0103 为输出频率参数
5311	104	映射到 Modbus 寄存器 40006 的参数	0104 为电流参数
5312	102	映射到 Modbus 寄存器 40007 的参数	0102 为转速参数
5313	105	映射到 Modbus 寄存器 40008 的参数	0105 为转矩参数
5314	106	映射到 Modbus 寄存器 40009 的参数	0106 为功率参数
5315	107	映射到 Modbus 寄存器 40010 的参数	0107 为直流电压参数
5316	109	映射到 Modbus 寄存器 40011 的参数	0109 为输出电压参数
5317	110	映射到 Modbus 寄存器 40012 的参数	0110 为传动温度参数

表 5 - 46　ACS510 通信地址点表

序号	变量	变量描述	寄存器地址	变量数据类型
1	ACS510_FRE♯	♯ 号变频器输出频率	40005	REAL
2	ACS510_CUN♯	♯ 号变频器输出电流	40006	REAL
3	ACS510_SP♯	♯ 号变频器电机转速	40007	REAL
4	ACS510_TOR♯	♯ 号变频器输出转矩	40008	REAL
5	ACS5108_W♯	♯ 号变频器输出功率	40009	REAL
6	ACS5108_UO♯	♯ 号变频器直流母线电压	40010	REAL
7	ACS510_U♯	♯ 号变频器输出电压	40011	REAL
8	ACS510_T♯	♯ 号变频器传动温度	40012	REAL
9	ACS510_RD♯	♯ 号变频器就绪	10001	BOOL
10	ACS510_RN♯	♯ 号变频器运行	10004	BOOL
11	ACS510_FT♯	♯ 号变频器故障	10016	BOOL
12	ACS510_ALM♯	♯ 号变频器报警	10017	BOOL
13	ACS510_DR♯	♯ 号变频器停止	00001	BOOL
		♯ 号变频器启动	00002	BOOL
14	ACS510_GD♯	♯ 号变频频率给定	40002	REAL

注：1 号配电岛的"♯"为 1，2 号配电岛"♯"为 2，依此类推，为 8 个岛建立的变量。

5.4.3   ACS510 的 FBD 编程

以 1 号配电岛为例，在项目树的程序列表(PL)中建立"ACS510 变频器 1(FBD)"。

1. 读保持寄存器

如图 5－44 所示，利用 MODM_R1R 功能块、基本运算函数和数据类型转换函数等，编写输出频率 FBD 程序。

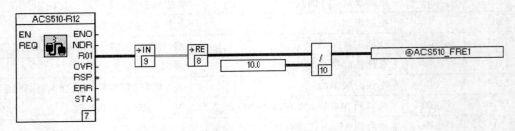

图 5－44 变频器输出频率 FBD 程序

鼠标双击 MODM_R1R 功能块，进入参数设置窗口，设置 MODM_R1R 功能块的参数如图 5－45 所示。由表 5－46 可知，若要读取 1 号变频器的输出频率，需用到地址为 40005 的保持寄存器。ACS510 变频器支持 Modbus 技术规范中规定的从 0 开始的寻址空间，因此在图 5－45 的"起始地址"输入框中输入 4。接口名称无需手动输入，只要在输入框按下 F2 键，选择已建立的 Modbus 主站对象名称 MODM_1_3_1 即可。为了和变频器的通信参数的设置一致，在"从地址"下方输入框中输入 3。

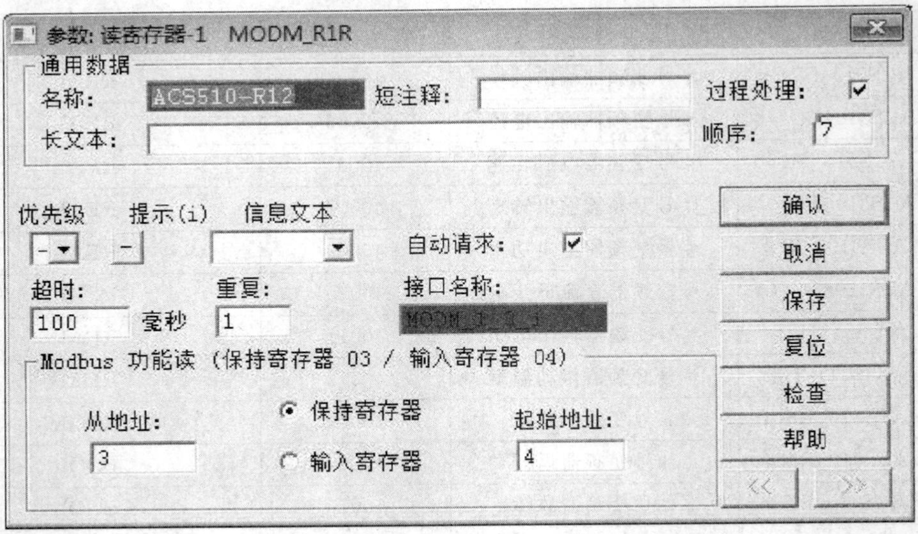

图 5－45   MODM_R1R 的参数设置

用同样的方法，建立 ACS510 变频器的电机转速、输出功率、输出电压、输出电流、输出转矩、直流母线电压和传动温度的 FBD 程序。如图 5－46 所示为电机转速和输出功率的 FBD 程序。

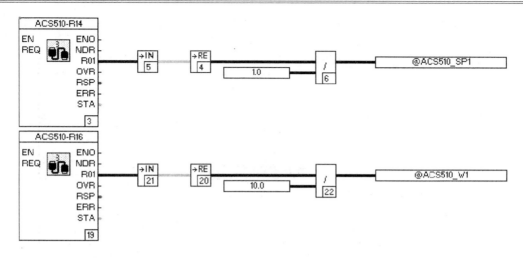

图 5-46　电机转速、输出功率的 FBD 程序

试一试：尝试编写输出电压、输出电流、输出转矩、直流母线电压和传动温度的 FBD 程序。

2. 读离散输入状态

通过离散输入 1xxxx 寄存器，利用功能码 02 可以读取输入状态，包括"状态位"和"离散输入"。这里主要是读取变频器"就绪"、"运行"、"故障"和"报警"开关量反馈信息。

在 FBD 编程窗口空白区点击鼠标右键，选择"块"→"Modbus 主站"→"读线圈-8（MODM_R8C）"，把 MODM_R8C 功能块放置在 FBD 程序区，如图 5-47 所示。

图 5-47　放置 MODM_R8C 功能块

ACS510 变频器故障和变频器报警的 Modbus 寄存器地址分别是 10016、10017，因此用 02 功能码来读取输入状态。

双击 MODM_R8C 功能块，出现图 5-48 所示 MODM_R1R 参数设置对话框，线圈数量写入数字 8，R01 对应的起始地址输入 15，从设备地址输入 3，利用快捷键 F2 输入接口名称。

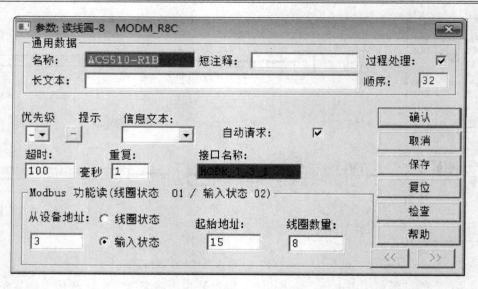

图 5-48　MODM_R8C 的参数设置

将变量 ACS510_FT1 和 ACS510_ALM1 放在写变量框中，将这两个变量框分别和 MODM_R8C 功能块的输出引脚 R01、R02 相连，得到如图 5-49 所示的故障、报警开关量反馈 FBD 程序。

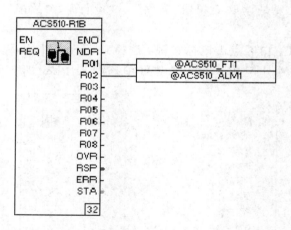

图 5-49　故障、报警开关量反馈 FBD 程序

试一试：尝试使用 1 个 MODM_R8 功能块编写"就绪"、"运行"开关量反馈 FBD 程序。

3. 写线圈状态

在 FBD 编程窗口空白区点击鼠标右键，选择"块"→"Modbus 主站"→"写线圈-1（MODM_W1C）"，把 MODM_W1C 功能块放置在 FBD 程序区。

ACS510 变频器的停止和启动信号由变频器控制字的 bit0 和 bit1 位控制。控制字的 bit0 和 bit1 位分别映射线圈状态 00001 和 00002，因此用 05 功能码来强制线圈。

1）变频器启停控制

双击 MODM_W1C 功能块，出现如图 5-50 所示的停止 MODM_W1C 参数设置对话

框，"起始地址"输入 0，"从地址"输入 3，利用快捷键 F2 输入"接口名称"。启动信号的
MODM_W1C 参数设置类似，把名称和"起始地址"修改了即可。

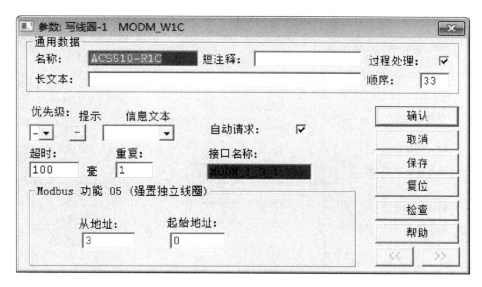

图 5-50　停止 MODM_W1C 参数设置对话框

　　设置好"停止"和"启动"信号两个 MODM_W1C 功能块后，按照图 5-51 进行连接，
完成启停控制程序。注意，在"停止"功能块引脚 W01 处有信号取反。

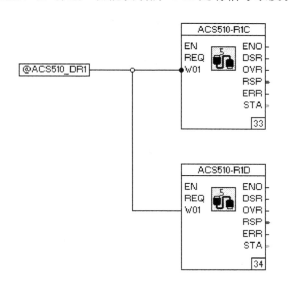

图 5-51　变频器的启/停控制

　　试一试：已经实现正转控制变频器启停，能否在此基础上给 FBD 程序增加反转功能？
　　2）变频器频率给定
　　频率给定要用到保持寄存器 40002，给定范围是 0～20000（换算到 0～1105 给定 1 最
大），或－20000～0（换算到 1105 给定 1 最大～0）。1105 缺省值是 50.0 Hz，因此要用到量
程转换功能块，将 50.0 Hz 作为输入量程的终点，20000.0 作为输出量程的终点。将

0.0 Hz作为输入量程的起点，0.0作为输入量程的终点。

在 FBD 编程窗口空白区点击鼠标右键，选择"块"→"模拟量"→"量程转换（SCAL）"，把 SCAL 功能块放置在 FBD 程序区合适位置，SCAL 功能块参数设置见图 5-52。

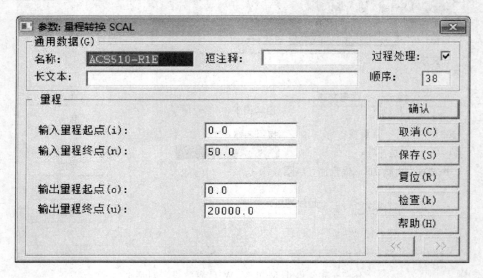

图 5-52 SCAL 量程设置

在 FBD 编程窗口空白区点击鼠标右键，选择"块"→"Modbus 主站"→"写寄存器 1（MODM_W1R）"，把 MODM_W1R 功能块放置在 FBD 程序区合适位置。双击 MODM_W1R 功能块，将"起始地址"设为 1，"从地址"、"接口名称"等参数也必须设置准确。

SCAL 功能块 OUT 引脚输出 REAL 数据，而 MODM_W1R 功能块的 W01 引脚数据类型为 WORD，因此要使用数据类型转换函数，频率给定 FBD 程序见图 5-53。

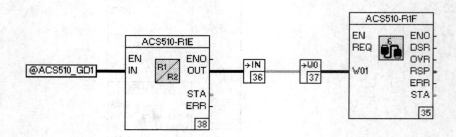

图 5-53 频率给定 FBD 程序

5.4.4 ACS510 的画面组态

在项目树找到操作员站对象 OS11 节点，在设计 EM400 操作员站组态过程中已经建立了一个叫"♯1 流程图"FGR，双击该图形对象，打开图形编辑器窗口，绘制关于变频器的工艺流程图。

利用工具箱中"文本"、"文字数字显示"、"按钮"等，绘制 OS11 的 ACS510 图形画面。

启动按钮和停止按钮的画面组态方法类似，以启动按钮为例。

在工具箱中，点击"按钮" 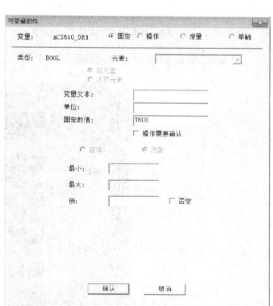，把"按钮"放置在流程图的合适位置。如图 5 - 54 所示，在"按钮"参数对话框进行参数设置。"文本"框中输入"启动"，对颜色进行合理设置，选择按钮类型为"3D"，设置完成后，点击"动作"按钮，打开"动作"设置对话框，为该按钮设置一个操作动作。

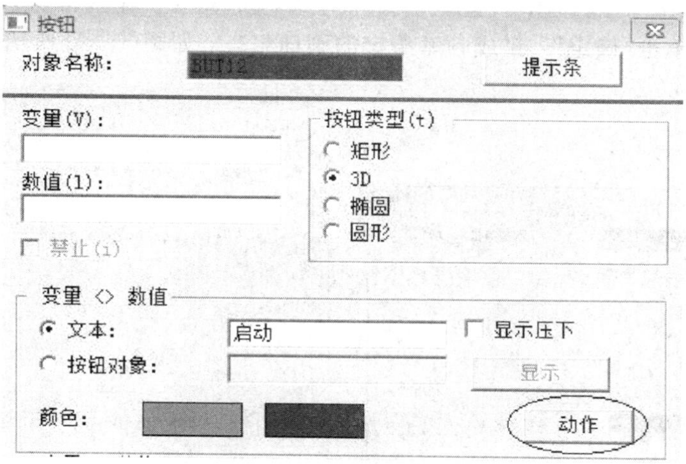

图 5 - 54　"按钮"参数设置对话框

如图 5 - 55 所示，选择动作类型为"写变量"，在"写入变量"输入框中按下 F2 键，选择变量 ACS510_DR1，单击"操作"按钮，打开"写变量动作"对话框。

如图 5 - 56 所示，选择"固定"操作方式，在"固定数值"输入固定值 1，单击"确定"按钮。

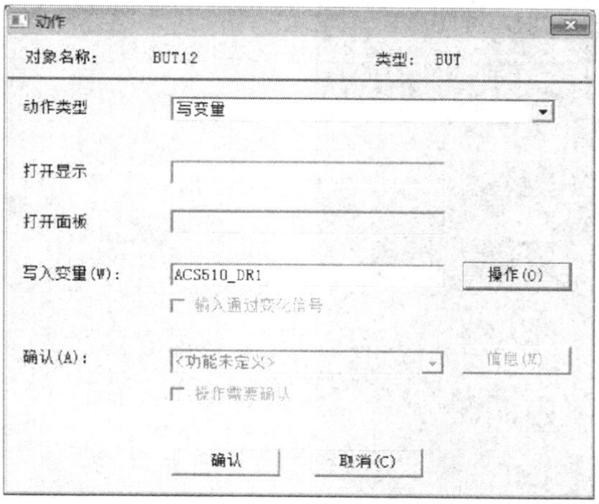

图 5 - 55　"动作"参数对话框　　　　图 5 - 56　"写变量动作"的"固定"设置

用同样的方法，进行停止按钮的画面组态。

在工具箱中,点击"文字数字显示" **abl** ,放置在流程图的合适位置。如图 5-57 所示,在文字数字显示的"参数"对话框中,按下 F2 键选择 ACS510_GD1。点击"通用"选项卡页面中的"动作",打开"动作"参数对话框,选择动作类型为"写变量",在"写入变量"输入框中选择变量 ACS510_GD1,单击"操作"按钮,打开"写变量动作"对话框。

在"写变量动作"对话框中,选择"操作"方式,在"最小"输入框写入 0.0,"最大"输入框写入 50.0,单击"确定",完成频率给定的画面组态,如图 5-58 所示。

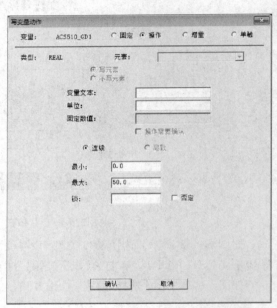

图 5-57 文字数字显示的"参数"对话框　　图 5-58 "写变量动作"的"操作"设置

完成的变频器画面组态如图 5-59 所示。

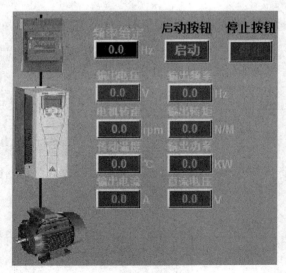

图 5-59 1 号岛 ACS510 的 FGR 画面

5.5　M102 组态

5.5.1　M102 电动机综合保护装置简介

M102 - M 是 ABB 的一款功能强大的电动机综合保护装置,能够实现电动机的各种启动方式,为各种电动机应用场合提供控制、监测和保护功能。支持 Modbus 通信,便于结合上位机监控系统进行集中管理。M102 - M 不但能获取电动机电压、电流、功率、电度量等信息,还可以采集断路器和接触器等的状态。同时,M102 - M 还能提供与电动机启动、运行和保护相关的各种参数及控制时间等信息。

M102 由主体单元(含电流测量模块)和操作面板 MD21/MD31 两部分构成,如图 5 - 60 所示。主单元由电子元件组成的电机控制单元和电流互感器组成。

操作面板 MD21/MD31 是 M102 的人机界面,通常安装在柜体的门板上或抽屉的面板上,通过面板上的控制按钮、参数设置端口、LED 指示灯以及 LCD 显示屏(MD31 没有),可以进行控制、监视和参数设置。

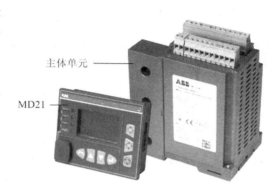

图 5 - 60　M102 主体单元和操作面板外观

主单元内置单一规格的电流互感器,它的测量范围是 0.24 A~63 A。如电动机额定电流大于 63 A,则需配置外部 CT。每个主体单元需要配一个操作面板。

1. M102 端子

M102 除 DC24 V 工作电源外,还支持 AC110 V 和 AC240 V 工作电源,因此 M102 有两种类型的端子图,见图 5 - 61 和图 5 - 62。M102 采用 RJ11 接口与 MD21/MD31 连接。

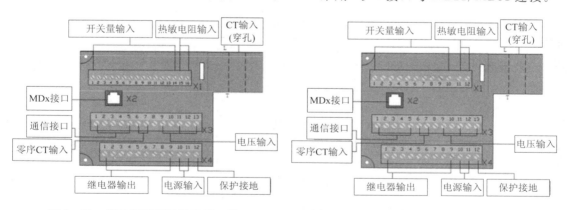

图 5 - 61　端子排列俯视图(DC24 V)　　　图 5 - 62　端子排列俯视图(AC110/240 V)

根据选择的型号,M102 分别支持 Modbus - RTU 和 Profibus - DP 通信,通信接口均为 RS - 485 通信接口。M102 - M 带两个互为冗余的 RS - 485 接口,其相关端子号及说明见表 5 - 47。

表 5 - 47   通 信 端 子

端子编号	名　称	说　明
X3：1	2B	RS485 B
X3：2	2A	RS485 A
X3：3	SHIELD	RS485 屏蔽层
X3：4	1B	RS485 B
X3：5	1A	RS485 A

M102 有三种不同类型的电源输入，电源输入端子说明见表 5 - 48。

表 5 - 48   电源输入端子

端子编号	名　称	说　明
X4：11	DC 24V 或 L	DC 24V＋，110 V AC 或 240 V AC
X4：10	GND 或 N	DC0V 或 N

M102 DC24 V 类型拥有 13 个 DI，而 M102 的 AC110/240 V 类型有 9 个 DI，见表 5 - 49。装置轮循检测开关量输入，每个 DI 的功能都可进行配置。

表 5 - 49   DI 端子

端子编号	端子号对应名称	说　明
DC 24V 类型		
X1：1～13	X1：1——DI0	开关量输入 0
	X1：2——DI1	开关量输入 1
	…	…
	X1：13——DI12	开关量输入 12
X1：14	DI_COM	开关量输入公共端
AC110/240V 类型		
X1：1～9	X1：1——DI0	开关量输入 0
	X1：2——DI1	开关量输入 1
	…	…
	X1：9——DI8	开关量输入 8
X1：10	DI_COM	开关量输入公共端

M102 通过 PTC 传感器来监测电动机绕组温度，用屏蔽双绞线进行 PTC 连接。当不使用 PTC 输入功能时，为避免外界信号干扰，应短接 PTC 端子。PTC 端子见表 5 - 50。

表 5 - 50　PTC 端子

端子编号	名　　称	说　　明
DC 24 V 类型		
X1：15	PTCA	PTC 输入 A
X1：16	PTCB	PTC 输入 B
AC 110/240 V 类型		
X1：11	PTCA	PTC 输入 A
X1：12	PTCB	PTC 输入 B

M102 通过零序电流互感器对接地故障电流进行监测，相关端子见表 5 - 51。当接地故障功能不使用时，为避免外界信号干扰，将零序电流互感器端子短接。

表 5 - 51　零序电流互感器端子

端子编号	名　　称	说　　明
X3：6	IOA	零序电流互感器输入 A
X3：7	IOB	零序电流互感器输入 B

M102 可连续测量三相电压，实现基于电压的各种保护，相关端子见表 5 - 52。用于保护单相电机时，电压测量将 L 相连接到 X3:13，将 N 相连接到 X3:9 即可。

表 5 - 52　电压输入端子

端子编号	名　　称	说　　明
X3：9	UL3	L3 相电压输入
X3：11	UL2	L2 相电压输入
X3：13	UL1	L1 相电压输入

M102 连续测量电动机的三相电流，实现对电动机的保护并通过总线传送给上位机。传送的电流值为相对值，即电流有效值与电动机额定电流的比值。M102 的电流互感器穿孔方向可以从任一侧穿向另一侧，但三相穿孔方向必须一致。对于单相电动机，通过 M102 的 L1 相来测量电流。

M102 支持多种电动机启动方式。通过微处理器控制内部继电器(CCA、CCB、CCC)的吸合来控制外部的中间继电器或接触器，内部继电器 CCA、CCB 之间电气互锁。继电器控制相关端子见表 5 - 53。

表 5 - 53　继电器控制输出端子

端子编号	名　　称	说　　明
X4：6	CCLI	继电器控制电源输入
X4：7	CCA	继电器控制 A
X4：8	CCB	继电器控制 B
X4：9	CCC	继电器控制 C

M102 提供两个辅助的可编程继电器输出。这两个继电器可以被定义为输出功能中描述的各种功能，相关端子见表 5-54。

表 5-54　可编程继电器输出端子

端子编号	名　称	说　明
X4：1	GR1_A	
X4：2	GR1_B①	可编程输出 继电器控制 1(NO＋NC)
X4：3	GR1_C	
X4：4	GR2_A	可编程输出
X4：5	GR2_B	继电器控制 1(NO)

注：① GR1_B 是同一继电器两组触点的公共端，这两组触点会根据参数配置同时响应。

M102 的保护地的端子号是 X4:12，通过该保护接地端子，可以消除瞬间电压干扰以及浪涌可能造成的破坏，增强了装置工作的可靠性。

2. M102 多种启动方式

M102 通过对输出继电器的控制，实现多种启动控制方式，可以通过外部接触器辅助触点的状态反馈，对电动机的运行状态进行实时检测。M102 支持的启动控制类型见表 5-55。

表 5-55　M102 支持的启动类型

序号	启　动　类　型	序号	启　动　类　型
1	直接启动	8	双速控制（单绕组）
2	正反转-直接启动	9	自耦变压器降压启动
3	直接启动（带控制按钮盒）	10	软启动器控制
4	正反转-直接启动（带控制按钮盒）	11	正反转-软启动器控制
5	正反转-直接启动（带限位开关）	12	带接触器的馈电控制
6	Y/△启动	13	带接触器的馈电控制（带控制按钮盒）
7	双速控制（双绕组）	14	馈电单元的控制

图 5-63 是正反转-直接启动的原理图，图中用(X1：7)作为触点 1 的反馈输入，(X1：8)作为触点 2 的反馈输入，(X1：6)是本地/远程选择信号输入。

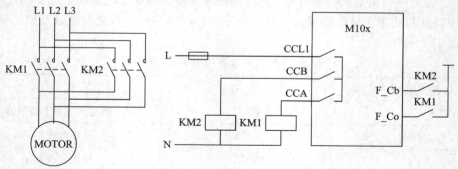

图 5-63　正反转-直接启动的原理图

当接收到来自总线或 M102 的"I/O"启动命令时，通过继电器控制 A(CCA)闭合让电动机正转，通过控制继电器控制 B(CCA)闭合使电动机反转。CCA 和 CCB 之间带电气互锁，确保两个继电器不会同时吸合。

当收到来自总线或 M102 的"I/O"停机命令，又或是某种保护功能动作时，M102 发出停机命令，使继电器 CCA 或 CCB 打开，电动机停机。

3. M102 保护功能

M102 通过对电动机的三相电流、三相电压、零序电流、热敏电阻 PTC 阻值、接触器状态、主开关状态的实时监测，实现对电动机的完善保护。各种保护功能相互独立，多种保护功能有可能同时触发，但只有最先达到脱扣条件的保护功能发出脱扣命令。所有保护功能均可通过参数设置软件根据实际情况进行设置、启动或关闭，调整保护值。

M102 支持的保护功能包括热过载保护、堵转保护、启动时间过长保护、断相保护、三相不平衡保护、低载保护、空载保护、接地故障保护、PTC 保护、低电压保护、启动次数限制保护等。

1) 热过载保护

如图 5 - 64 所示，当电动机启动后，电动机温度持续升高。当电动机长时间处于过载状态，电动机的发热将会不断地趋近于最大允许值；电动机进入正常运行状态后，电动机的温度稳定在运行状态；当电动机停机后，电动机的温度会不断下降直至与环境温度相同。

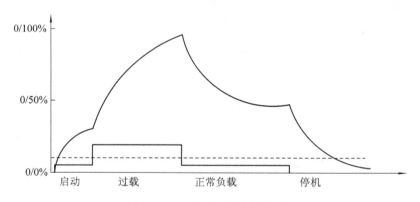

图 5 - 64　电动机的发热曲线

所谓热过载保护，是指通过对电动机热容量(θ)的跟踪计算来保护电动机免于因过热而缩短寿命或损坏。电动机热容值直接显示在 MD21 上，同时通过总线送给上位机。

M102 模拟了电动机在各种状态(运行和停机)下的热状态，以便最大限度地使用电动机，确保电动机安全运行。在热过载保护计算中考虑到了电动机转子和定子的温升，同时也充分考虑了三相不平衡对电动机发热的影响。

M102 支持两种热保护模式：标准型和防爆型。普通三相低压电动机选用标准型热保护，通过调整 t_6 时间来设定不同的保护等级。热过载保护特性曲线如图 5 - 65 所示，通过修改电机在冷态 6 倍额定电流下所允许的过载时间 t_6 曲线，来设定不同的保护等级。

t_6 曲线给出了冷态下电动机以 6 倍额定电流允许运行的时间。

最大热容值用 100% 表示。在环境温度为 40℃时，当电机在冷态情况下以 6 倍额定电流($6I_n$)运行 t_6 时间后，热容值将达到最大值。

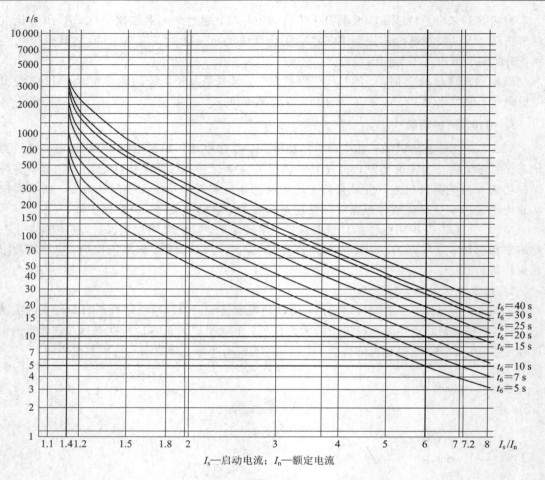

图 5 - 65　冷态热过载保护特性曲线

2）堵转保护

堵转保护是防止电机驱动设备出现严重运转堵塞或因为电机超负荷运行而发热损坏电机。根据最大线电流和额定电流的比值判断是否启动堵转保护。

图 5 - 66 是电动机堵转运行的示意图。在该图中，电动机正常运行时出现了堵转，电动机电流急剧增大直至超过启动电流，M102 根据电动机电流和额定电流的比值判断是否堵转保护动作。当堵转保护功能开启后，堵转保护将在每次电动机启动完成后自动开启。根据最大线电流和额定电流的比值是否越限来判断是否需要保护动作。当电流值大于脱扣值并持续一定时间（即脱扣延时设定时间）时，保护执行脱扣。

3）断相保护

根据最小线电流和最大线电流（即 I_{lmin}/I_{lmax}）的比值判断是否启动断相保护功能。电动机断相后仍然可以慢速运行，但是电动机电流非常大，在很短的时间内会把电动机绕组烧毁。断相保护脱扣时间应比热脱扣时间短。

如图 5 - 67 所示，当 I_{lmin}/I_{lmax} 达到告警值时，M102 发出断相报警信息；当 I_{lmin}/I_{lmax} 达到脱扣值后，保护进入脱扣延时；如果在延时到达后仍未恢复，则保护动作使电动机脱扣，同时 M102 发出断相脱扣信息，MD21 操作面板上显示"断相脱扣"。

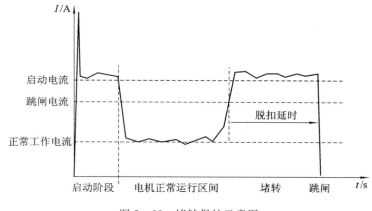

图 5 - 66   堵转保护示意图

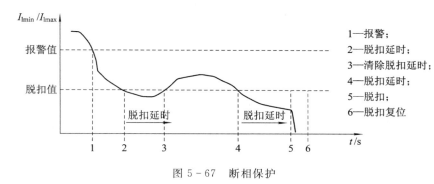

图 5 - 67   断相保护

4）三相不平衡保护

根据最小线电流和最大线电流（即 I_{lmin}/I_{lmax}）的比值判断是否启动三相不平衡保护功能。当 I_{lmin}/I_{lmax} 达到告警值时，M102 发出三相不平衡告警信息，同时 MD21 面板上显示三相不平衡告警信息；当 I_{lmin}/I_{lmax} 达到脱扣值后，保护进入脱扣延时；如果在延时到达后仍未恢复，则保护动作使电动机脱扣，同时 M102 发出三相不平衡脱扣信息。

5）轻载保护（欠载保护）

轻载保护根据最大线电流和额定电流的比值判断是否启动轻载保护。

如图 5 - 68 所示，当 I_{lmax}/I_n 达到告警值时，M102 发出轻载告警信息；当 I_{lmax}/I_n 达到脱扣值后，保护进入脱扣延时；如果在延时到达后仍未恢复，则保护动作使电动机脱扣，同时 M102 发出低载脱扣信息。

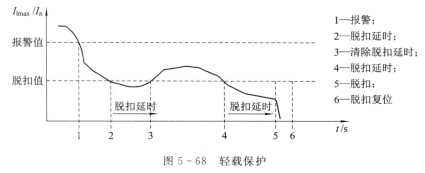

图 5 - 68   轻载保护

6）接地故障保护

M102 的接地故障保护是通过外接的零序互感器来避免电动机运行于接地故障的，如图 5-69 所示，其中 I_0 是测量的接地故障电流，以零序电流的大小来判断是否启动接地故障保护功能。

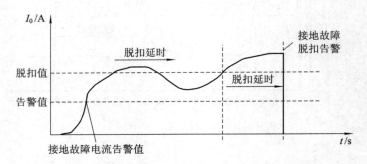

图 5-69　接地故障保护

7）PTC 保护

以预埋在电机定子绕组或轴承上的 PTC 热敏电阻检测器送出的热敏阻值作为保护条件来判断是否启动保护功能。PTC 保护根据热敏电阻的阻值来判断，热敏电阻值会随着绕组温度升高而增加。比较输入的 PTC 阻值和告警值，若 PTC 阻值超过告警值，M102 将发出 PTC 告警信息。

如图 5-70 所示，比较输入的 PTC 阻值和脱扣值，若 PTC 阻值超过脱扣值，则进入脱扣延时；如果在延时到达后仍未恢复，则保护动作使电动机脱扣，同时 M102 发出 PTC 故障脱扣信息。PTC 脱扣后，M102 将比较 PTC 阻值和复位值。当 PTC 阻值降到复位值以下时，PTC 保护按照设置的 PTC 复位方式进行复位。

M102 提供 PTC 短路保护和 PTC 开路保护，其中短路保护值可调，开路保护值是固定的。当 PTC 阻值低于设置的短路保护告警值时，M102 发出 PTC 短路告警信息；当 PTC 阻值高于 12 kΩ 时，M102 发出 PTC 开路告警信息。PTC 短路保护和开路保护不需要警告延时触发，并随着 PTC 保护功能开启而自动打开且无法关闭。

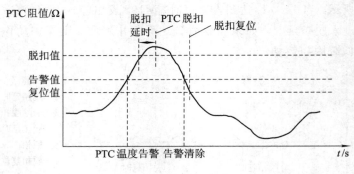

图 5-70　PTC 保护

8）欠电压保护

根据最小线电压（U_{lmin}）的大小来判断是否启动欠压保护功能。当测量的 U_{lmin} 达到告警限值时，M102 发出欠压告警信息。当测量的 U_{lmin} 达到脱扣限值，持续一定时间后（小于脱扣延时时间）电压又恢复到告警值以下时，电机继续运行。而当脱扣延时时间结束，电压仍未恢复到脱扣值以下时，M102 将执行脱扣命令并发出欠压脱扣信息。

5.5.2　M102 参数设置及其通信点表

1. M102 的通信参数

可通过 MD21 操作面板进行本地控制和参数设置，MD21 面板如图 5-71 所示，装有按钮、LED 指示灯和 LCD 显示屏，MD21 均带有参数设置接口，可以在面板前方用电脑通过该接口设置参数。操作面板通过背部的 RJ11 接口与主 M102 元件相连。MD21 有七个按钮。可以通过 MD21 按钮控制电机，MD21 上的按钮还可以用来监测电气信息和参数设置。

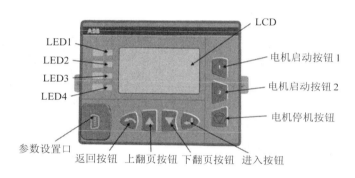

图 5-71　MD21 操作面板

MD21 操作面板上有四个 LED 指示灯，其中 LED1 为单一的绿色，LED2 到 LED4 为双色灯。4 个 LED 指示灯均可以根据实际需求按照表 5-56 所示进行配置。

表 5-56　LED 配置表

LED 指示灯	配置颜色	配置功能
LED1	（绿色）	就绪，运行，停机，故障，电源（默认），启动 1，启动 2 和 DIx 状态
LED2	（默认红色） （绿色）	就绪，运行，停机，故障，电源，启动 1（默认），启动 2 和 DIx 状态
LED3	（默认红色） （绿色）	就绪，运行，停机，故障，电源，启动 1，启动 2（默认）和 DIx 状态
LED4	（默认黄色） （红色）	就绪，运行，停机，故障（默认），电源，启动 1，启动 2 和 DIx 状态

M102 只能作为 Modbus 从站设备。M102 支持 1200、2400、4800、9600、19200、38400 和 57600 这七种波特率，数据传输格式见表 5-57。

表 5 - 57　　M102 数据传输格式

传输模式	RTU	奇偶校验位	奇校验、偶校验或无校验
每个字符的数据位	10 位/11 位	停止位	1 位
起始位	1 位	错误校验	CRC
数据位	8 位		

2. M102 的通信地址点表

利用 MD21 将 M102 的设备地址设置为 6，奇偶校验设为无校验，波特率设为 19 200 b/s，且不激活冗余通信口。

经 M102 控制的电动机的额定功率是 3 kW，电动机的额定电流是 6 A，电动机信息可利用 MD21 进行参数设置；同时，把电动机的远程控制权限通过参数设置开启。

在该智能配电系统中，1 个配电岛配有一个 M102 电动机综合保护装置，表 5 - 58 是 M102 的通信地址点表。

表 5 - 58　　M102 的通信地址点表

变量	变量描述	寄存器 Modbus 寻址地址	寄存器位地址	变量数据类型
M102_RN＃	＃M102 电机运行	0025	位 0	BOOL
M102_AM＃	＃M102 电机告警		位 2	BOOL
M102_TZ＃	＃M102 电机脱扣		位 3	BOOL
M102_RD＃	＃M102 电机就绪		位 5	BOOL
M102_FT1＃	＃M102 电机热容值报警	0029	位 0	BOOL
M102_FT2＃	＃M102 电机过载报警		位 1	BOOL
M102_FT3＃	＃M102 电机断相报警		位 2	BOOL
M102_FT4＃	＃M102 电机三相不平衡报警		位 3	BOOL
M102_FT5＃	＃M102 电机轻载报警		位 4	BOOL
M102_FT6＃	＃M102 电机空载报警		位 5	BOOL
M102_FT7＃	＃M102 电机接地报警		位 6	BOOL
M102_FT8＃	＃M102 电机 PTC 报警		位 7	BOOL
M102_FT9＃	＃M102 电机欠压报警		位 8	BOOL
M102_FT10＃	＃M102 电机自动重合闸报警		位 9	BOOL
M102_Ua＃	＃M102 线电压 Uab	0038		REAL
M102_Ub＃	＃M102 线电压 Ubc	0039		REAL
M102_Uc＃	＃M102 线电压 Uca	0040		REAL
M102_Ia＃	＃M102A 相电流	0041		REAL
M102_Ib＃	＃M102B 相电流	0042		REAL
M102_Ic＃	＃M102C 相电流	0043		REAL

续表

变量	变量描述	寄存器 Modbus 寻址地址	寄存器位地址	变量数据类型
M102_Ima♯	♯M102 接地故障电流	0044		REAL
M102_H♯	♯M102 电机热容值	0045		REAL
M102_SJ♯	♯M102 电机过载脱扣时间	0046		REAL
M102_Ias♯	♯M102 A 相脱扣电流	0047		REAL
M102_Ibs♯	♯M102 B 相脱扣电流	0048		REAL
M102_Ics♯	♯M102 C 相脱扣电流	0049		REAL
M102_FAI♯	♯M102 功率因数	0050		REAL
M102_KW♯	♯M102 功率	0051		REAL
M102_Hz♯	♯M102 频率	0055		REAL
M102_Iabc♯	♯M102 电流不平衡度	0059		REAL
M102_DR♯	♯M102 写入使能	4448		BOOL
	♯M102 驱动信号	4449		

注：1 号配电岛的"♯"为 1，2 号配电岛"♯"为 2，依此类推，在 8 个岛建立相关变量。

利用功能码 0x10 可以写入多个保持寄存器，将 44448 寄存器给定固定值 5，表示"使能"；把数值 1 写入 44449 寄存器，表示让 M102 控制电机"启动"，把数值 3 写入 44449 寄存器，表示让 M102 控制电机"停止"。

5.5.3　M102 的 FBD 编程

以 1 号配电岛为例，在项目树的程序列表(PL)中建立"M102 电机控制单元 1(FBD)"。

1. 利用 0029 寄存器读取报警信息

如图 5-72 所示，利用 MODM_R1R 功能块、解包功能块等，编写 M102 报警信息 FBD 程序。

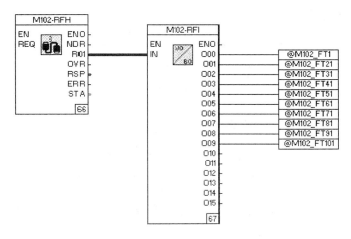

图 5-72　M102 报警信息 FBD 程序

鼠标双击 MODM_R1R 功能块，进入参数设置窗口，设置 MODM_R1R 功能块的参数如前面的图 5 - 32 所示。由表 5 - 58 可知，若要读取 1 号配电岛的 M102 的报警反馈信息，需用到地址为 0029 的输入寄存器，在"起始地址"输入框中输入 29。接口名称无需手动输入，只要在输入框按下 F2 键，选择已建立的 Modbus 主站对象名称 MODM_1_3_1 即可。为了和 M102 的通信参数设置一致，在"从地址"下方输入框中输入 6，如图 5 - 73 所示。

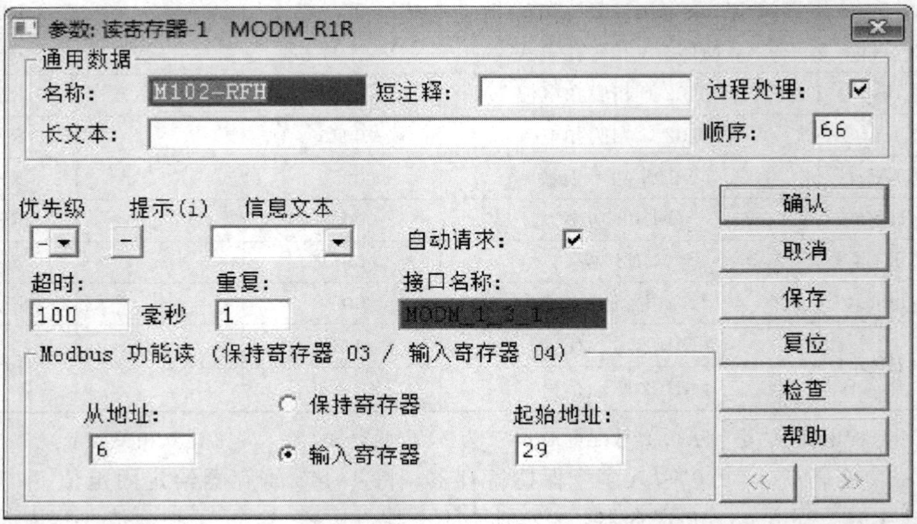

图 5 - 73　电动机信息寄存器的 MODM_R1R 参数设置

由表 5 - 59 可知，有五种典型的解包功能块。解包功能块可以将一个位串变量分解为多个位宽度较短的数据类型变量。例如，可以通过 UPBYBO 解包功能块把 BYTE 类型变量分解成 BOOL 类型的变量。

五种解包功能块的组合可以覆盖所有位串类型变量的解包，两个解包功能块可以前后串连。解包功能块输入引脚 IN 的数据类型根据解包功能块的类型决定，可以是 BYTE、WORD 或 DWORD，输出引脚 O00～O15 的数据类型根据解包功能块的转换功能，其类型有 BOOL、BYTE 或 WORD 型。

表 5 - 59　五种解包功能块

功能块	转换功能	输入类型	输出类型
UPBYBO	将 BYTE 解包到 BOOL	BYTE	BOOL
UPWOBO	将 WORD 解包到 BOOL	WORD	BOOL
UPWOBY	将 WORD 解包到 BYTE	WORD	BYTE
UPDWBY	将 DWORD 解包到 BYTE	DWORD	BYTE
UPDWWO	将 DWORD 解包到 WORD	DWORD	WORD

显然，图 5 - 72 的程序中用到了 UPWOBO 功能块，把 MODM_R1R 功能块得到的 WORD 数据解包到 UPWOBO 功能块的输出引脚 O00～O15。实际用到了 O00～O09 这 10 个 BOOL 量，得到了多种 M102 的报警信息。

试一试：用同样的方法，利用 0025 寄存器、MODM_R1R 功能块和解包功能块编写获得电机运行、告警、脱扣、就绪等开关量反馈信息的 FBD 程序。

2. 读取电压、电流等模拟量信息

如图 5-74 所示，利用 MODM_R1R 功能块、基本运算功能块和数据类型转换函数等，编写获得 M102 的线电压 Uab 的 FBD 程序。

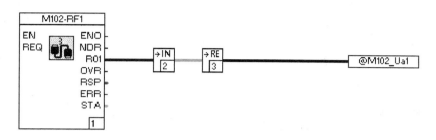

图 5-74　M102 的线电压 Uab

鼠标双击 MODM_R1R 功能块，进入参数设置窗口，设置 MODM_R1R 功能块的参数如前面的图 5-32 所示。由表 5-58 可知，若要读取 1 号 M102 的线电压 Uab，需用到地址为 40038 的保持寄存器。在图 5-75 的"起始地址"输入框中输入 38。接口名称无需手动输入，只要在输入框按下 F2 键，选择已建立的 Modbus 主站对象名称 MODM_1_3_1 即可。为了和 M102 的通信参数设置一致，在"从地址"下方输入框中输入 6。

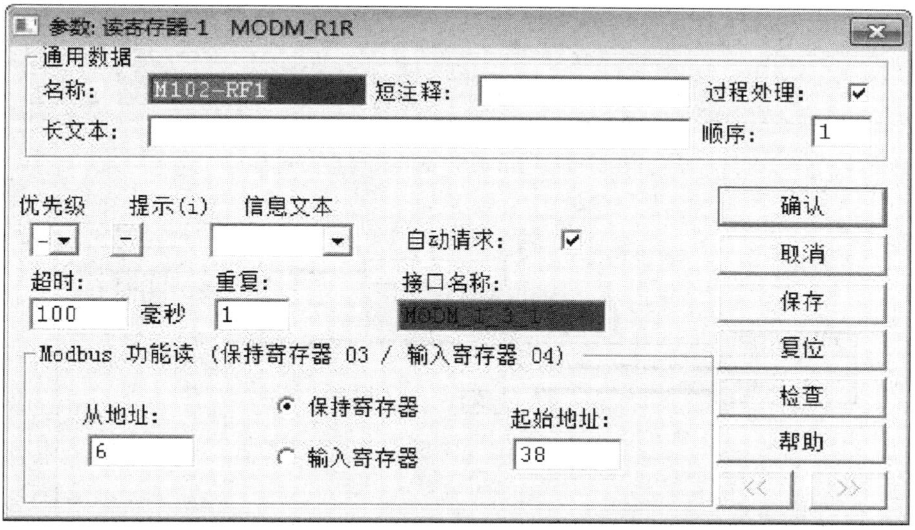

图 5-75　线电压 Uab 的 MODM_R1R 参数设置

试一试：用同样的方法，建立线电压（Ubc、Uca）、三相相电流、接地故障电流、电机热容值、电机过载脱扣时间、三相脱扣电流、功率因素和功率等 FBD 程序。这里要注意的是，在 M102-M 的 Modbus 数据定义表中，功率数据的单位是 0.1 kW，功率因素的单位是 0.01，相电流的单位是 %FLC（电机满载电流）。

3. 写多个保持寄存器

在 FBD 编程窗口空白区点击鼠标右键，选择"块"→"Modbus 主站"→"写寄存器-16

（MODM_W16R）"，把 MODM_W16R 功能块放置在 FBD 程序区。

双击 MODM_W16R 功能块，出现如图 5-76 所示的 MODM_W16R 参数设置对话框。"起始地址"输入 4448，"从地址"输入 6，"寄存器数量"输入 2，利用快捷键 F2 输入接口名称。

设置好 MODM_W16R 功能块后，按照图 5-77 搭建 M102 驱动电机启/停 FBD 程序。程序中用到了"SEL"函数，它有 3 个输入，第 1 个输入为 BOOL 型，通过它可以控制随后两个输入引脚数值传递到输出引脚上，如果第 1 个输入上的信号为逻辑 0，则输出中间引脚上的输入变量，如果为逻辑 1，则输出第 3 个引脚上的输入变量。点击鼠标右键选择"块"→"标准"→"开关"→"二选一（二进制）"，即可获得 SEL 功能块。

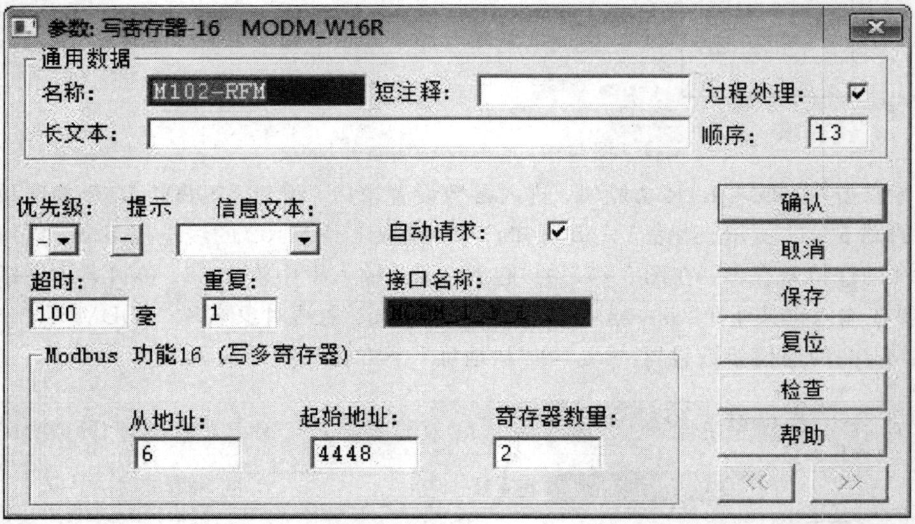

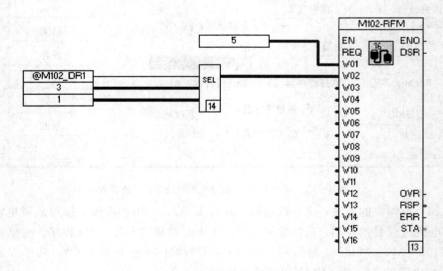

图 5-76   MODM_W16R 参数设置

图 5-77   M102 控制电机启/停 FBD 程序

试一试：用"写寄存器-1（MODM_W1R）"能否实现 M102 控制电机启/停？

4. 趋势采集

可以利用趋势采集功能块"TREND"来快速、直接记录过程数据，并在 WinMI 的 PC 上归档记录。在一个操作员站上，通过"TREND"功能块，最多可以有 42 个趋势显示，每个趋势显示最多 6 个变量趋势。

点击鼠标右键选择"块"→"采集"→"趋势（TREND）"，把"TREND"功能块放在 FBD 编程窗口合适的位置。

如图 5 - 78 所示，使用了两个"TREND"功能块，共采集 10 个变量趋势。

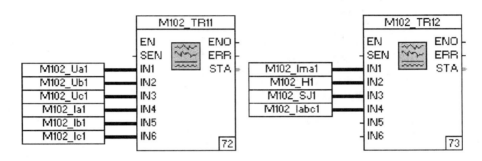

图 5 - 78　趋势采集 FBD

5.5.4　M102 的画面组态

在项目树找到操作员站对象 OS11 节点，在设计 EM400 操作员站组态过程中已经建立了一个叫"♯1 流程图"的 FGR，双击该图形对象打开图形编辑器窗口，绘制关于 M102 电动机综合保护装置的工艺流程图。

利用工具箱中"文本"、"文字数字显示"、"按钮"等，绘制 OS11 的 M102 图形画面。启动和停止可以利用一个按钮实现。

在工具箱中，点击按钮 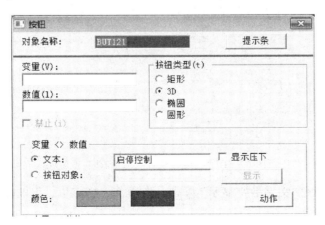，把"按钮"放置在流程图的合适位置。如图 5 - 79 所示，在"按钮"参数对话框进行参数设置。文本中输入"启停控制"，对颜色进行合理设置，选择

图 5 - 79　"按钮"参数设置对话框

按钮类型为"3D",设置完成后,点击"动作"按钮,打开"动作"设置对话框,为该按钮设置一个操作动作。

如图 5-80 所示,选择动作类型为"写变量",在"写入变量"输入框中按下 F2,选择变量 M102_DR1,单击"操作"按钮,打开"写变量动作"对话框。

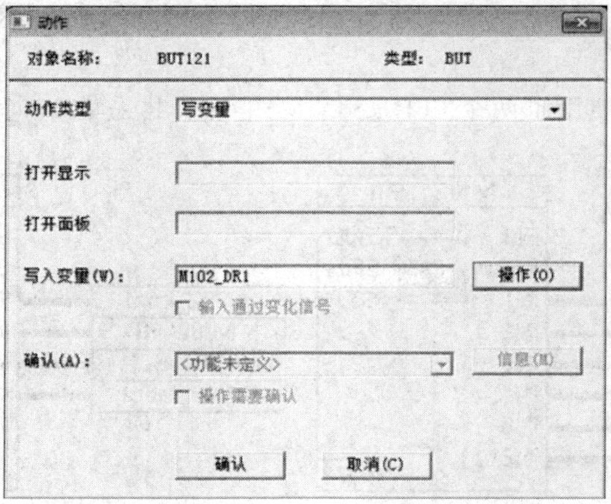

图 5-80 "动作"参数对话框

如图 5-81 所示,选择"操作"写变量方式,已处于"离散"输入状态。由于"M102_DR1"是 BOOL 型变量,因此可以把逻辑 1(TRUE)或逻辑 0(FALSE)写入到数值框中。在文本框中分别输入"启动"和"停止",单击"确认"按钮,完成该变量的设置。这里要注意的是,对于 INT 型变量,也可以选择"离散"输入,最多可以预设 6 个 INT 值并写入数值框中。

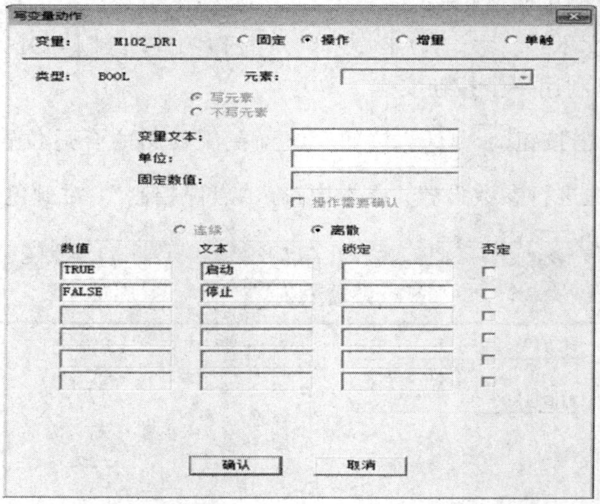

图 5-81 "写变量动作"的"操作"设置

在工具箱中,通过"文字数字显示" abl ,把频率、热容值、相电流、线电压等变量显示在图形编辑区中。

M102 图形编辑区画面组态如图 5-82 所示。

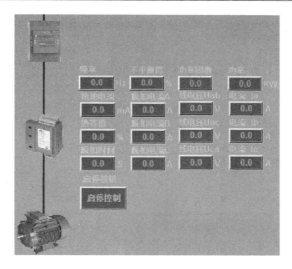

图 5－82　1 号岛 M102 的 FGR 画面

5.6　低压智能配电系统组态

利用 WinConfig 工程师站软件设计系统的软件部分，通过 EM400、ACS510、M102、PM 683 等智能设备搭建硬件部分。该低压智能配电系统采用 Modbus － RTU 通信协议，通过画面组态、硬件组态和程序组态，实现操作人员对现场进行远程监测与控制的目的。

在项目树中新建操作员站资源（OS11～OS34、OS9），共计 25 个。在项目树中新建 8 个过程站资源（PS1～PS8），共计 8 个。

在系统硬件结构插入 25 个操作员站资源对象，在系统硬件中插入 8 个过程站资源对象。在每个过程站下插入 PM 683 模块，同时把 Modbus 主站对象挂在 PM 683 模块下。组建好的硬件结构如图 5－83 所示。

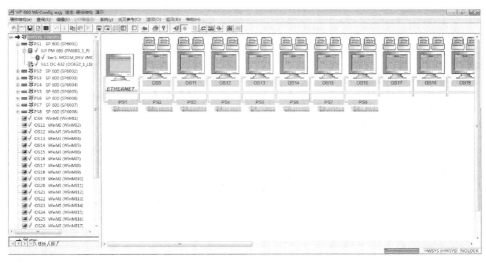

图 5－83　系统硬件结构

完整的网络配置见表 5-60，在 WinConfig 软件中利用"网络"按钮 ⚙ 进入网络配置窗口，检查确认网络配置中的资源 ID 和 IP 地址是否与网络配置表一致。

表 5-60　低压智能配电系统网络配置

岛编号	SP 600(PM 683)			PC			
	过程站名称	过程站 ID	IP	工程师站 ID	操作员站 ID	操作员站名称	IP
1 号岛	PS1	1	IP:172.16.1.1	40	11	OS11	IP:172.16.1.11
					12	OS12	IP:172.16.1.12
					13	OS13	IP:172.16.1.13
2 号岛	PS2	2	IP:172.16.1.2	41	14	OS14	IP:172.16.1.14
					15	OS15	IP:172.16.1.15
					16	OS16	IP:172.16.1.16
3 号岛	PS3	3	IP:172.16.1.3	42	17	OS17	IP:172.16.1.17
					18	OS18	IP:172.16.1.18
					19	OS19	IP:172.16.1.19
4 号岛	PS4	4	IP:172.16.1.4	43	20	OS20	IP:172.16.1.20
					21	OS21	IP:172.16.1.21
					22	OS22	IP:172.16.1.22
5 号岛	PS5	5	IP:172.16.1.5	44	23	OS23	IP:172.16.1.23
					24	OS24	IP:172.16.1.24
					25	OS25	IP:172.16.1.25
6 号岛	PS6	6	IP:172.16.1.6	45	26	OS26	IP:172.16.1.26
					27	OS27	IP:172.16.1.27
					28	OS28	IP:172.16.1.28
7 号岛	PS7	7	IP:172.16.1.7	46	29	OS29	IP:172.16.1.29
					30	OS30	IP:172.16.1.30
					31	OS31	IP:172.16.1.31
8 号岛	PS8	8	IP:172.16.1.8	47	32	OS32	IP:172.16.1.32
					33	OS33	IP:172.16.1.33
					34	OS34	IP:172.16.1.34
工程师站 PC				48	9	OS9	IP:172.16.1.9

在 PS1 过程站节点指定任务下的程序列表 PL 中，创建了包括"ACS510 变频器 1"、"EM400 电力监控装置 1"和"M102 电机控制单元 1"等的 FBD 程序，如图 5-84 所示。其他过程站在相应程序列表 PL 中建立 FBD 程序。这里要注意，变量和标签不能有重复。

图 5 - 84　在 PS1 建立多个 FBD 程序

在 OS11 操作员站节点下方，创建了流程图和多个趋势对象，如图 5 - 85 所示。在如图 5 - 86 所示的流程图中，把关于 ACS510、M102 和 EM400 的流程图画面结合到了一起。"1 主流程图 1(FGR)"见图 5 - 86，其他操作员站的操作同 OS11 类似。

图 5 - 85　OS11 下的操作员站组态对象

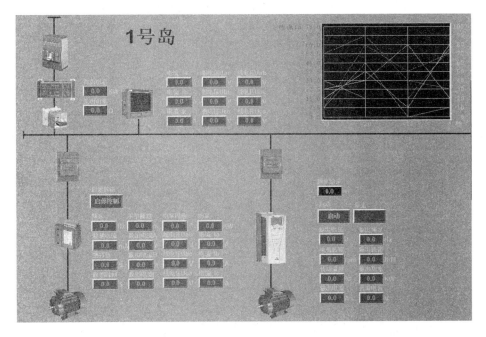

图 5 - 86　1 号岛的流程图画面

"图形显示 FGR"可以插入到操作员站(仅仅在此操作员站使用时)，也可以插入到公共显示池内(P - CD)供所有的操作员站使用。因此，在项目树中新建了一个"公共图 P - CD"，设计了 8 个岛的总流程图画面就可以放在该公共池中了。8 个岛的总流程图见图 5 - 87。

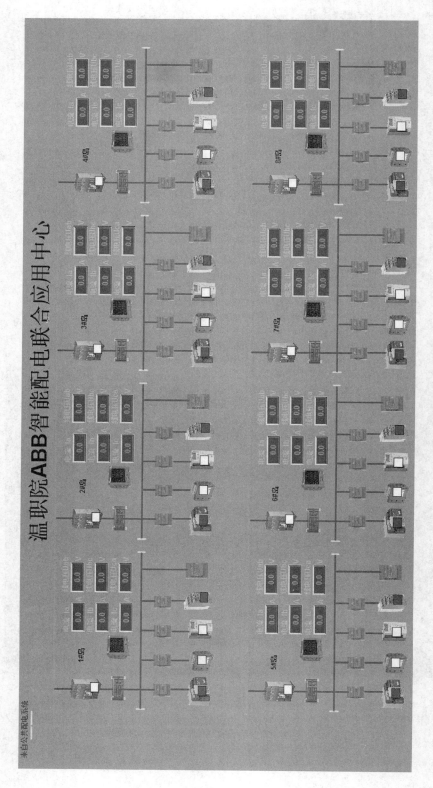

图5-87 8个岛的总流程图

思 考 题

1. 画出通用 Modbus 帧结构，PDU 包括哪几部分内容？ADU 包括哪几部分内容？

2. Modbus 寄存器有几个类？分别对应的寄存器 PLC 地址是什么？

3. Modbus-RTU 模式中，消息的发送和接收以至少多少字符时间停顿间隔为标志？假设一个字符由 11 位组成，波特率为 9600 b/s，那么 RTU 相邻两帧数据的起始和结束之间的时间间隔至少要多长？

4. Modbus 通信帧中的地址字段，其内容是什么？广播地址是多少？

5. 简述 0x03、0x04、0x05 和 0x10 功能码的作用。

6. 在 RTU 模式下，已知从站地址是 0x03，要读取离散输入寄存器地址 10101~10120 共计 20 个离散量的输入状态，请写出查询报文（CRC 值无需写出）。

7. 在 RTU 模式下，已知从站地址是 0x01，要读取保持寄存器地址 40201~40203 共 3 个寄存器的内容，请写出查询报文（CRC 值无需写出）。

8. 简述 EM400 的特点，它支持何种通信协议？

9. 若要读取 EM400 的 DI1 的状态，应该使用什么功能码？若要读取 EM400 的 RL1 状态，应该使用什么功能码？

10. ACS510 变频器的基本型控制盘上，默认情况下在液晶显示区域中间位置滚动显示哪几个参数？在参数模式中，如何快速显示缺省参数值？

11. 为了激活串行通信，与 ACS510 变频器中哪个参数有关？其参数值应该设置成多少？

12. ACS510 变频器支持哪些功能码对线圈状态进行操作？支持什么功能码对离散输入进行操作？支持哪些功能码对保持寄存器进行操作？

13. M102 支持哪些保护功能（至少说出五种）？

14. M102 由哪两部分构成？M102-M 支持何种通信协议？

15. 简述 SEL 功能块的用法。

参 考 文 献

[1]　张白帆. 低压成套开关设备的原理及其控制技术. 3 版. 北京：机械工业出版社，2017.

[2]　黄邵平，金国彬，李玲. 成套开关设备实用技术. 北京：机械工业出版社，2008.

[3]　曹鹏，俞士胜. 集散控制系统工程实践：WinCS 从入门到精通. 北京：人民邮电出版社，2015.

[4]　贺湘琰，李靖. 电器学. 3 版. 北京：机械工业出版社，2012.

[5]　董玲娇. 过程控制系统设计. 北京：科学出版社，2016.

[6]　刘利，王栋. 电动机软启动器入门与应用实例. 北京：中国电力出版社，2012.

[7]　周志敏，纪爱华，等. ABB 变频器工程应用与故障处理. 北京：机械工业出版社，2013.

[8]　谢彤. DCS 控制系统运行与维护. 北京：北京理工大学出版社，2012.

[9]　阮友德. 电气控制与 PLC 实训教程. 北京：人民邮电出版社，2012.

[10]　郭琼. 现场总线技术及其应用. 北京：机械工业出版社，2011.

[11]　曾允文. 智能低压电器原理及应用. 北京：化学工业出版社，2015.

[12]　曾令琴. 供配电技术. 2 版. 北京：人民邮电出版社，2014.

[13]　杜逸鸣. 智能电器及应用. 北京：中国电力出版社，2010.

[14]　岳庆来. 变频器、可编程序控制器、触摸屏及组态软件综合应用技术. 北京：机械工业出版社，2012.

[15]　方大千，孙思宇等. 软启动器、变频器及 PLC 控制线路. 北京：化学工业出版社，2018.

[16]　任致程. 电动机电子保护器与软启动器应用指南. 北京：机械工业出版社，2006.

[17]　许志红. 电器理论基础. 北京：机械工业出版社，2016.

[18]　盖超会，阳胜峰. 三菱 PLC 与变频器、触摸屏综合培训教程. 北京：中国电力出版社，2011.

[19]　张岳. 集散控制系统及现场总线. 2 版. 北京：机械工业出版社，2016.

[20]　刘国海. 集散控制与现场总线. 2 版. 北京：机械工业出版社，2011.